"十四五"职业教育国家规划教材

"十四五"职业教育江苏省规划教材

机电技术概论
（第2版）

主　编　滕士雷　邢丽华
副主编　夏春荣　孔喜梅
参　编　孙弘翔　胡　芳

北京理工大学出版社
BEIJING INSTITUTE OF TECHNOLOGY PRESS

内容简介

本书简要介绍了机电一体化的基础知识，系统阐述了机电一体化技术的主要内容。本书主要内容包括机电技术概述、机电产品的主要制造技术、机电产品与系统的应用与维护及机电技术应用的职业面向与职业发展四个方面。

机电技术概述主要包括机电技术的基本概念、机电一体化设备的构成与主要特点、典型机电一体化产品简介、机电产品的主要技术与要求及机电技术的发展趋势展望等内容。机电产品的主要制造技术主要包括机械装调技术、传感检测技术、系统接口技术、机电产品的常用控制技术、机电产品的典型执行装置等。机电技术应用的职业面向与职业发展主要包括机电技术应用专业的特点及机电技术应用专业的主要面向，向读者简要说明了相关工作岗位的基本素质及工作要求，便于指导学生后续的专业学习。为结合应用需要，书中列举并剖析了一定数量的综合实例，有助于读者通过这些实例进一步掌握机电一体化系统设计方法。

本书简明扼要、实用性强，可以作为职业院校机电技术专业和数控技术专业教材，也可供工程技术人员参考，并可作为相关行业岗位的岗位培训教材及有关人员的自学用书。

版权专有　侵权必究

图书在版编目（CIP）数据

机电技术概论 / 滕士雷，邢丽华主编. —2版. —北京：北京理工大学出版社，2023.7重印
ISBN 978-7-5682-7706-8

Ⅰ.①机… Ⅱ.①滕… ②邢… Ⅲ.①机电工程-职业教育-教材 Ⅳ.①TM

中国版本图书馆CIP数据核字（2019）第244135号

出版发行 / 北京理工大学出版社有限责任公司	
社　　址 / 北京市海淀区中关村南大街5号	
邮　　编 / 100081	
电　　话 /（010）68914775（总编室）	
（010）82562903（教材售后服务热线）	
（010）68944723（其他图书服务热线）	
网　　址 / http://www.bitpress.com.cn	
经　　销 / 全国各地新华书店	
印　　刷 / 定州市新华印刷有限公司	
开　　本 / 787毫米 × 1092毫米　1/16	
印　　张 / 14.5	责任编辑 / 张鑫星
字　　数 / 316千字	文案编辑 / 张鑫星
版　　次 / 2023年7月第2版第2次印刷	责任校对 / 周瑞红
定　　价 / 41.00元	责任印制 / 边心超

图书出现印装质量问题，请拨打售后服务热线，本社负责调换

前言

机电技术是融合检测技术、自动控制技术、伺服驱动技术、信息化处理技术、微电子技术、计算机技术以及机械技术等多种技术于一体的新型综合性学科。机电一体化的优势在于从系统、整体的角度出发,将各相关技术协调综合运用而取得优化效果,因此在机电一体化系统的开发过程中,特别强调技术融合和学科交叉的作用。通过本课程的学习,掌握机电一体化系统的各方面基础知识,对于拓宽学生的知识面意义深远。

本书在编写和修订过程中,以党的二十大精神为引领,结合教材的专业特性,从职业教育学生的学习特点和技术技能人才培养出发,编写团队引入情境式教学模式进行框架设计。

在党的二十大"建设现代化产业体系,加快构建新发展格局"的背景下,本书深度对接现代机电产品企业,基于职业院校人才培养目标,结合机电类专业人才培养方案的要求,充分考虑职业院校学生的特点,按照实用、够用、扩展知识面、打牢基础的原则进行编写,图文并茂,深入浅出,通俗易懂。同时,以二维码形式插入了大量的思政元素,扎实落实立德树人根本任务。通过对国产自动化产品的案例和民族品牌引入,引导学生体会国家工业生产体系的强大,贯彻"自信自强、守正创新、踔厉奋发、勇毅前行"的二十大精神。通过阅读相关安全知识、观看相关安全事故的材料,引导学生反思分析,激发学生的爱国情怀和对工程项目开发与生产的责任感,将"牢牢把握团结奋斗的时代要求"的二十大精神作为职业追求,培养学生的团队协作精神、严谨的工作态度和良好的职业素养。

全书主要特点有以下几个方面:

1. 本书以培养学生专业知识的实际应用能力为主线,强调内容的应用性和实用性,体现"以能力为本位"的编写指导思想。

2. 将相关的理论知识与实践相结合,既突出基本概念、基本原理又与实际应用紧密结合,引导学生理解专业知识的学习思路。

3. 构建了学习单元和学习模块,开发了工作情境、知识图谱、学习目标、学习任务、学习评价、单元小结、单元检测等模块,在很大程度上提升了教材编排设计的创新性。

FOREWORD

4. 本书在工作情境、学习目标、学习任务、学习评价等环节对课程政元素进行融入。以二维码形式插入了大量的思政元素，扎实落实立德树人这一根本任务。聚焦党的二十大精神，培养学生的爱国情怀。

5. 在内容安排上，注重吸收新技术、新产品、新内容。深度对接现代机电产品企业，引入企业新技术与实际工程案例，围绕对实际工程案例的分析，选取相关内容展开知识点的学习，确保教材内容紧跟实际工程应用。

6. 内容设计上增加了对专业认识的学习，使得学生在学习专业之初能够很好地了解所学专业，便于对后续专业学习打下基础。

7. 丰富了考核方式，除了传统的理论考核，增加部分实际应用分析考核，体现了思政、素养、知识、能力考核点，整体多维度提高学生的综合学习素质。

由于职业技术教育强调学习的实用性，要求理论实践一体化。所以在本书的编写过程中，对理论知识做了系统的整合，并力求做到理论联系实际，以期让学生对机电一体化系统有一个系统全面的了解和认识。增加了贴近学生生活和专业的工程案例展示，通过二维码进行观看学习，使学习内容贴近工程实际。对教材进行工作情境设计，针对教材是基础理论课的特性，设计了便于操作，又能够提升学习探索能力和学习兴趣的工作任务，引导学生构建创新思维，让学生从不同的维度来了解全面的机电技术。

本书由江苏省无锡市无锡机电高等职业技术学校滕士雷、邢丽华老师任主编，无锡交通高等职业技术学校的夏春荣、孔喜梅老师任副主编。参加编写的还有孙弘翔、胡芳老师。此外，本书在编写过程中得到亚龙集团和天煌教仪科研人员的大力支持，在此一并感谢。由于编者水平有限，书中如有错误与疏漏，恳请广大读者批评指正。

编 者

目录

CONTENTS

学习单元1 初步了解机电技术

学习模块1 机电一体化设备的构成与主要特点 ································ 3
    1.1.1 机械本体 ·· 4
    1.1.2 动力单元 ·· 4
    1.1.3 传感检测单元 ·· 4
    1.1.4 执行单元 ·· 4
    1.1.5 控制单元 ·· 5
    1.1.6 驱动单元 ·· 5
    1.1.7 接口 ·· 5

学习模块2 典型机电一体化产品简介 ·· 6

学习模块3 机电产品的主要技术与要求 ·· 10
    1.3.1 检测传感技术 ·· 10
    1.3.2 信息处理技术 ·· 11
    1.3.3 自动控制技术 ·· 11
    1.3.4 伺服驱动技术 ·· 11
    1.3.5 机械技术 ·· 11
    1.3.6 系统总体技术 ·· 12
    1.3.7 可靠性与抗干扰技术 ·· 12

学习模块4 机电技术的发展趋势和展望 ·· 13
    1.4.1 智能化 ·· 13
    1.4.2 模块化 ·· 13
    1.4.3 网络化 ·· 13
    1.4.4 微型化 ·· 14
    1.4.5 绿色化 ·· 14

1.4.6 系统化 ·· 14

学习任务 ·· 15

学习评价 ·· 17

单元小结 ·· 18

单元检测 ·· 18

学习单元2　了解机电产品的主要制造技术

学习模块1　机械装调技术 ·· 21
    2.1.1　机电设备装调的基础知识 ··· 24
    2.1.2　主要机械部件的装调技术 ··· 27

学习模块2　熟悉传感检测技术 ·· 49
    2.2.1　机电产品中的常用传感器简介 ··· 52
    2.2.2　机电产品中常用传感器的选择和应用 ·· 61

学习模块3　机电一体化接口技术 ··· 67
    2.3.1　接口的含义、功能与分类 ··· 67
    2.3.2　数字量输入输出接口技术 ··· 69
    2.3.3　A/D转换接口 ·· 72
    2.3.4　模拟量输入输出通道 ··· 77
    2.3.5　D/A转换接口 ·· 80
    2.3.6　接口技术在机电产品中的应用实例 ··· 84

学习模块4　机电产品的常用控制技术 ·· 88
    2.4.1　单片机控制技术 ··· 88
    2.4.2　可编程控制器（PLC）控制技术 ··· 92
    2.4.3　工控机简介 ··· 98
    2.4.4　典型工控机系统介绍 ··· 108

学习模块5　了解机电产品的典型执行装置 ··· 109
    2.5.1　常见执行机构（装置）简介 ·· 109
    2.5.2　三相交流异步电动机的控制与调速 ··· 110
    2.5.3　步进电动机的控制与应用 ··· 114
    2.5.4　伺服系统简介 ·· 121

2.5.5　直流伺服电动机简介 123
2.5.6　交流伺服电动机简介 125
2.5.7　液压传动控制技术简介 129
2.5.8　气动技术简介 136
2.5.9　常用的机械传动装置 151

学习任务 157
学习评价 157
单元小结 158
单元检测 162

学习单元3　机电产品与系统的应用与维护

学习模块1　工业机器人及应用 164
3.1.1　工业机器人的定义与发展过程 168
3.1.2　工业机器人的结构和分类 169
3.1.3　工业机器人的控制系统 173
3.1.4　工业机器人的应用 175

学习模块2　数控机床的应用 180
3.2.1　数控技术 182
3.2.2　数控机床的组成与工作原理 183
3.2.3　数控机床的特点 185
3.2.4　数控机床的分类 187
3.2.5　数控系统的发展趋势 190

学习模块3　自动化生产线的应用 192
3.3.1　自动化生产线基础知识 195
3.3.2　自动化生产线的组成 196
3.3.3　自动化生产线的类型 197
3.3.4　自动化生产线的发展趋势 198

学习任务 199
学习评价 201
单元小结 202

单元检测……………………………………………………………………………… 204

学习单元4　机电技术的职业面向与职业发展

学习模块1　机电技术应用专业的特点 ……………………………………… **206**

学习模块2　机电技术应用专业的主要职业面向 …………………………… **208**

  4.2.1　机电设备安装与调试 ……………………………………………… 209

  4.2.2　机电产品维修 ………………………………………………………… 210

  4.2.3　机电产品销售 ………………………………………………………… 211

  4.2.4　机电产品的售后服务与技术支持 ………………………………… 216

学习任务 ……………………………………………………………………………… **218**

学习评价 ……………………………………………………………………………… **221**

单元小结 ……………………………………………………………………………… **222**

单元检测 ……………………………………………………………………………… **223**

参考文献 ……………………………………………………………………………… **224**

学习单元 1

初步了解机电技术

工作情境

制造业是国民经济的主体，是立国之本、兴国之器、强国之基。十八世纪中叶开启工业文明以来，世界强国的兴衰史和中华民族的奋斗史一再证明，没有强大的制造业，就没有国家和民族的强盛。打造具有国际竞争力的制造业，是我国提升综合国力、保障国家安全、建设世界强国的必由之路。

新中国成立尤其是改革开放以来，我国制造业持续快速发展，建成了门类齐全、独立完整的产业体系，有力推动工业化和现代化进程，显著增强综合国力，支撑世界大国地位。然而，与世界先进水平相比，中国制造业仍然大而不强，在自主创新能力、资源利用效率、产业结构水平、信息化程度、质量效益等方面差距明显，转型升级和跨越发展的任务紧迫而艰巨。《中国制造2025》由百余名院士专家着手制定，为中国制造业未来10年设计顶层规划和路线图，通过努力实现中国制造向中国创造、中国速度向中国质量、中国产品向中国品牌三大转变，推动中国到2025年基本实现工业化，迈入制造强国行列。

中国制造 2025

随着我国跻身工业制造大国，各行业新形势下产业的升级及经济发展方式转变，都进入全新的快速发展阶段，因此，行业的发展急需大量高技术人才。机电产业作为工业的"左右手"必不可缺，对人才的渴求自然也不言而喻。

机电技术是将机械技术、电工电子技术、微电子技术、信息技术、传感器技术、接口技术、信号变换技术等多种技术进行有机地结合，并综合应用到实际中去的综合技术。如图1.1所示，现代化的自动化生产设备都是机电一体化的设备，机电一体化设备广泛地应用于各个行业，企业为了在日益激烈的市场竞争中占有一席之地，大量引进高新技术设备，因此，对人才的需求量大增，尤其是机电技术应用的人才需求量更大。

学习单元 1　初步了解机电技术

医药制剂自动化生产线

(a)

(b)

电梯运行测试

邮件分拣系统

焊接车间自动化生产

图1.1　机电技术在各行业的应用实例
(a)医药制剂自动化生产线；(b)电梯运行与维护；
(c)用于卷烟厂及烟草仓储物流和邮政分拣系统的自动化分拣设备；(d)焊装车间自动化生产线

知识图谱

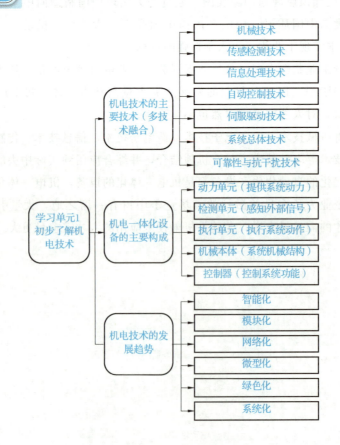

> **学习目标**

(1) 激发学生的爱国情怀和对民族工业发展成果的自豪感。
(2) 建立机电技术学习的严谨思维方式,培育精益求精、一丝不苟的工匠精神。
(3) 强化爱岗敬业、安全意识、责任意识。
(4) 提升团队合作、交流沟通能力,能合理处理合作中的问题。
(5) 学习机电技术信息收集、查找资源的方法,提高自主学习能力。
(6) 认识什么是机电一体化技术。
(7) 了解机电一体化设备的构成与主要特点。
(8) 了解机电一体化系统包含的关键技术。
(9) 熟悉常见的机电一体化设备。
(10) 了解机电技术的发展趋势。

学习模块 1　机电一体化设备的构成与主要特点

机电一体化系统是在传统机械产品的基础上发展起来的,是机械与电子、信息技术结合的产物。其形式多种多样,其功能也各不相同,一个较完善的机电一体化系统应包括以下几个基本组成部分:机械本体、动力单元、传感检测单元、执行单元、驱动单元、控制及信息处理单元,各组成部分之间通过接口相联系,这些基本组成部分的关系及功能如图1.1.1所示,与人体的五大组成部分进行对比,从而得到启发的。

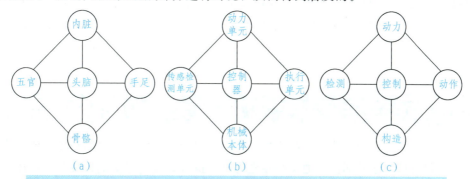

图 1.1.1　机电一体化系统的组成及系统功能
(a) 人的五大组成部分;(b) 机电一体化系统组成部分;(c) 机电一体化系统功能

1.1.1 机械本体

机械本体是能够实现某种运动的机构，包括机架、机械连接、机械传动等。所有的机电一体化系统都有机械本体，它是机电一体化系统的基础，起着支撑系统中其他功能单元、传递运动和动力的作用。机电一体化系统性能要求提高、功能得到增强，这就要求机械本体在机械结构、材料、加工工艺性以及几何尺寸等方面能够与之相适应，具有高效、多功能、可靠、节能、小型、轻量、美观等特点。

1.1.2 动力单元

动力单元主要是为执行机构提供能量。它是机电一体化产品的能量供应部分，其作用就是按照系统控制要求向机器系统提供能量和动力，使系统正常运行。提供的能量类型包括电能、气压能和液压能。以电能为例，除了要求可靠性好以外，机电一体化产品还要求动力源的效率高，即用尽可能小的动力输入获得尽可能大的功率输出。

1.1.3 传感检测单元

传感检测单元包括各种传感器组成的信号检测电路，其作用就是监测系统工作过程中本身和外界环境有关的参量的变化，并将检测信息传递给电子控制单元，电子控制单元根据检测到的信息向执行器发出相应的控制指令。机电一体化系统要求传感器及其信号检测电路的精度、灵敏度、响应速度和信噪比高，而且需要设备漂移小，稳定性、可靠性好；不易受被测对象特征（如电阻、磁导率等）的影响；对抗恶劣环境的能力强；体积小、质量小、对整机的适应性好；受外部环境干扰的影响小；操作性能好，便于现场维修；价格低廉。

1.1.4 执行单元

执行单元是驱动机械装置运动的机构，作用是根据电子控制单元的指令来驱动机械部件的运动。执行器是运动部件，通常采用电力电子执行装置、气动执行装置和液压执行装置几种方式。机电一体化系统对执行器的要求一方面要响应速度快、效率高；另一方面对温度、油、尘埃等外部环境的适应性好、可靠性高。电力电子执行装置可实现高速、高精度控制；气动执行装置适用于对较轻的物体进行推拉等简单操作；液压执行装置适用于实现大功率驱动。

1.1.5 控制单元

控制单元是运动控制的计算和判断部分。控制技术主要是软件方面的技术,研究如何根据传感器信号使执行装置和机械装置能很好的运动,并编制出能够实现这种目标的计算机程序的技术。机电一体化系统的核心是电子控制单元,又称 ECU(Electrical Control Unit)。其作用是将来自各传感器的检测信号和外部输入命令进行集中、存储、计算、分析,根据信息处理的结果,按照一定的程序和节奏发出相应的指令,控制整个系统有目的地运行。但是由传感器检测的运动信号一般都是连续的模拟信号,而计算机处理信息的信号是数字信号,因此必须经过 A/D 与 D/A 转换达到数字模拟的转换,实现传感信号与计算机的互通,如图 1.1.2 所示。

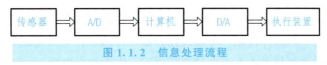

图 1.1.2 信息处理流程

机电一体化系统对控制和信息处理单元的基本要求是:提高信息处理速度,提高可靠性,增强抗干扰能力以及完善系统自诊断功能,实现信息处理智能化和小型、轻量、标准化等。

1.1.6 驱动单元

驱动单元的功能是在控制信息作用下,驱动各种执行机构完成各种动作和功能。机电一体化技术一方面要求驱动单元具有高频率和快速响应等特性,同时又要求其对水、油、温度、尘埃等外部环境具有适应性和可靠性;另一方面由于受几何上动作范围狭窄等限制,还需考虑维修方便,并且尽可能实现标准化。随着电力电子技术的高度发展,高性能步进电动机、直流和交流伺服电动机将大量应用于机电一体化系统。

1.1.7 接口

机电一体化系统由许多组成部分或子系统组成,各子系统之间要能顺利地进行物质、能量和信息的传递和交换,必须在各组成部分或各子系统的相接处具备一定的连接部件,这个连接部件称为接口。接口的作用是将各组成部分或子系统连接成为一个有机整体,使各个功能环节有目的地协调一致运动,从而形成机电一体化的系统工程。

接口的基本功能主要有三个:一是变换,在需要进行信息交换和传输的环节之间,由于信号的模式不同(如数字量与模拟量、串行码与并行码、连续脉冲与序列脉冲等)无法直接实现信息或能量的交流，必须通过接口完成信号或能量的转换和统一；二是放大，在两个信号强度相差悬殊的环节间，经接口放大，达到能量匹配；三是传递，变换和放大后的信号要在环节间能可靠、快速、准确地交换，必须遵循协调一致的时序、信号格式和逻辑规范。接口具有保证信息传递的逻辑控制功能，使信息按规定模式进行传递。

学习模块 2　典型机电一体化产品简介

1. 典型的小型自动化生产线

如图 1.2.1 所示，YL—235A 型光机电一体化实训装置包含了机电专业所涉及的电机驱动、机械传动、气动、触摸屏控制、可编程控制器、传感器、变频调速等多项基础知识和专业知识，模拟了当前先进技术在企业中的实际应用。它为学生提供了一个典型的、可进行综合训练的工程环境，为学生构建了一个可充分发挥潜能和创造力的实践平台。

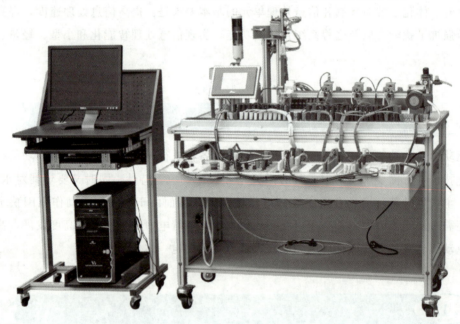

图 1.2.1　浙江亚龙公司 YL—235A 型光机电一体化实训装置

YL—235A 型光机电一体化实训装置由铝合金导轨式实训台、典型的机电一体化设备的机械部件、PLC 模块单元、触摸屏模块单元、变频器模块单元、按钮模块单元、电源模块单元、模拟生产设备实训模块、接线端子排和各种传感器等组成。该装置各单元均采用标准结构和抽屉式模块放置架，还可以根据需要，配置不同品牌的（PLC）模块和变频器模块以及触摸屏模块,因此,具有较强的互换性。

2. 典型的机电一体化设备

如图1.2.2所示,THMDZW－2型机电设备安装与维修综合实训平台是一台典型的机电技术应用设备。本实训平台包括电气控制部分和机械装调部分,主要由实训台、电气控制柜(包括电源控制模块、可编程控制器模块、变频器模块、触摸屏模块、步进电动机驱动模块、伺服电动机驱动模块、电气扩展模块等)、动力源(包括三相交流电动机、步进电动机、伺服电动机等)、气动定位装置、二维送料机构(十字滑台)、转塔部件、模具、自动冲压机构、自动上下料机构(仓库)、装调工具、常用量具、钳工台、型材电脑桌等组成。

图1.2.2　天煌THMDZW－2型机电设备安装与维修综合实训平台

平台把机械装配和电气控制系统有效融合,满足职业院校加工制造类相关专业所规定的教学内容中涉及现代机械制造技术、机械制图、机械基础、机械设计基础、电工电子技术、自动检测技术、PLC与变频器应用技术、机电设备控制技术、自动控制系统技术、设备电气控制与维修技术、传感器技术、低压电气控制技术、机电设备运行与控制技术等方面的知识和技能要求;通过训练可提高学生在机械制造企业及相关行业一线工艺装配与实施、机电设备的安装与调试、机械加工质量分析与控制、自动控制系统和生产过程领域的技术和管理工作,生产企业计算机控制系统及设备的运行、通用机电设备维护与管理工作,机电设备的技术销售与制造等岗位的就业能力。

3. 典型的工业机器人系统

信息化、工业化不断融合,以机器人技术为代表的智能装备产业蓬勃兴起。2017年,中国连续5年成为全球第一大工业机器人市场,销量突破12万台,约占全球总产量的三分之一。在这个世界上最大、最完备的工业体系内,智能制造正成为先锋,引领中国工业

7

制造一场前所未有的变革。

如图1.2.3所示，工业机器人是典型的机电一体化产品。工业机器人是面向工业领域的多关节机械手或多自由度的机器装置，它能自动执行工作，是靠自身动力和控制能力来实现各种功能的一种机器。它可以接受人类指挥，也可以按照预先编排的程序运行，现代的工业机器人还可以根据人工智能技术制定的原则纲领行动。

工业机器人系统运行

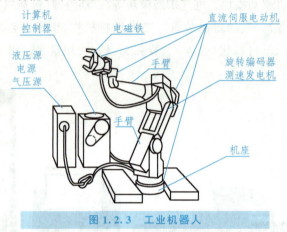

图1.2.3 工业机器人

工业机器人的系统构成如下：
（1）能源：驱动电动机的电源和驱动液压系统、气动系统的液压源和气压源。
（2）机械装置：机器人的手指、手臂、手臂的连接部分和机座等能够让机器人运动的机械结构。
（3）执行机构：驱动机座上的机体、手臂、手指等运动的电磁铁和电动机等。
（4）传感器：检测旋转编码器和测速发电机等的旋转角度和旋转角速度。
（5）控制机构：根据来自旋转编码器或测速发电机的信号，判断机器人当前的状态，并计算和判断要达到所希望的状态应该如何操作。

工业机器人是实现人类一部分技能的机械，很容易由上述五个部分与人体相对应。对于其他机电一体化系统如集成电路芯线焊接机、硅钢片横剪线控制系统、数控车床、信息化的车铣加工中心、FMS（柔性制造系统）、机械手臂、五轴加工中心、自动变焦照相机等。

CHL－DS－01－A工业机器人PCB异形插件工作站，是一款用于中职和高职工业机器人专业基础操作的教学工作站，融合多种工艺及综合技术，是进行工业机器人技术教学的最佳硬件平台，满足多层次个性化的教学需求。该工作站是模块化装配，其结构如图1.2.4所示，分别是：①总控系统，②工业机器人，③快换工具，④涂胶单元，⑤码垛单元，⑥视觉单元，⑦装配检测单元，⑧原料料库，⑨电子产品PCB电路板，⑩操控面板，⑪螺丝供料单元，⑫工作台架，⑬配套工具。

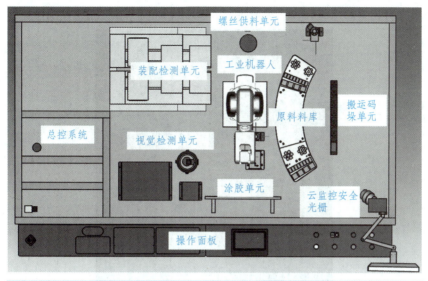

图 1.2.4　CHL－DS－01－A 工业机器人 PCB 异形插件工作站效果图

该工作站系统的工业机器人是一台 ABB IRB120 六轴机器人，如图 1.2.5 所示。它是 ABB 新型第四代机器人家族的最新成员，也是迄今为止 ABB 制造的最小机器人。它具有如下优点：

(1) 紧凑轻量

作为 ABB 目前最小机器人，IRB120 在紧凑空间内凝聚了 ABB 产品系列的全部功能与技术。其重量减至仅 25 kg，结构设计紧凑，几乎可安装在任何地方，比如工作站内部、机械设备上方，或生产线上其他机器人的近旁。

(2) 快速、精准、敏捷

IRB120 配备轻型铝合金马达，结构轻巧、功率强劲，重复定位精度 0.01 mm，可实现机器人高加速运行，在任何应用中都能确保优异的精准度与敏捷性。

(3) 用途广泛

IRB120 广泛适用于电子、食品饮料、制药、医疗、研究等领域，进一步增强了 ABB 新型第四代机器人家族的实力。这款 6 轴机器人最高荷重 3 kg［手腕（五轴）垂直向下时为 4 kg］，工作范围达 580 mm，能通过柔性（非刚性）自动化解决方案执行一系列作业。

(4) 优化工作范围

除工作范围达 580 mm 以外，IRB120 还具有一流的工作行程，底座下方拾取距离为 112 mm。IRB120 采用对称结构，第 1 轴无外凸，回转半径极小，可靠近其他设备安装，纤细的手腕进一步增强了手臂的可达性。

(5) IRC5 紧凑型控制器

小型机器人的最佳"拍档"ABB 新推出的这款紧凑型控制器高度浓缩了 IRC5 的顶尖功能，将以往大型设备"专享"的精度与运动控制引入了更广阔的应用空间。除节省空间之外，新型控制器还通过设置单相电源输入、外置式信号接头（全部信号）及内置式可扩展16

路 I/O 系统，简化了调试步骤。

图 1.2.5 ABB IRB120 实物图

学习模块 3　机电产品的主要技术与要求

如前所述，机电技术是在传统技术的基础上由多种技术学科相互交叉、渗透而形成的一门综合性、边缘性技术学科，所涉及的技术领域非常广泛。要深入进行机电一体化研究及产品开发，就必须了解并掌握这些技术。概括起来，机电一体化共性关键技术主要有检测传感技术、信息处理技术、控制技术、伺服驱动技术、机械技术、可靠性与抗干扰技术、系统总体技术。

1.3.1　检测传感技术

检测传感技术是指与传感器及其信号检测装置相关的技术。在机电一体化产品中，传感器就像人体的感觉器官，将各种内、外部信息通过相应的信号检测装置感知并反馈给控制及信息处理装置，因此检测与传感是实现自动控制的关键环节。机电一体化要求传感器能快速、精确地获取信息并经受各种严酷环境的考验。由于目前检测与传感技术还不能与机电一体化的发展相适应，不少机电一体化产品不能达到满意的效果或无法实现设计，因此，大力开展检测与传感技术的研究对发展机电一体化具有十分重要的意义。

1.3.2 信息处理技术

信息处理技术包括信息的交换、存取、运算、判断和决策等，实现信息处理的主要工具是计算机，因此计算机技术与信息处理技术密切相关。计算机技术包括计算机硬件技术和软件技术、网络与通信技术、数据库技术等。在机电一体化产品中，计算机与信息处理装置指挥整个产品的运行，信息处理是否正确、及时，直接影响产品工作的质量和效率。因此，计算机应用及信息处理技术已成为促进机电一体化技术和产品发展的最活跃的因素。人工智能、专家系统、神经网络技术等都属于计算机与信息处理技术。

1.3.3 自动控制技术

自动控制技术范围很广，包括自动控制理论、控制系统设计、系统仿真、现场调试、可靠运行等。由于被控对象种类繁多，所以控制技术的内容极其丰富，包括高精度定位控制、速度控制、自适应控制、自诊断、校正、补偿、示教再现、检索等控制技术，自动控制技术的难点在于自动控制理论的工程化与实用化，这是由于现实世界中的被控对象往往与理论上的控制模型之间存在较大差距，使得从控制设计到控制实施往往要经过多次反复调试与修改，才能获得比较满意的结果。由于微型机的广泛应用，自动控制技术越来越多地与计算机控制技术联系在一起，成为机电一体化中十分重要的关键技术。

1.3.4 伺服驱动技术

伺服驱动技术的主要研究对象是执行元件及其驱动装置。执行元件有电动、气动、液压等多种类型，机电一体化产品中多采用电动式执行元件，其驱动装置主要是指各种电动机的驱动电源电路，目前多采用电力电子器件及集成化的功能电路。执行元件一方面通过电气接口向上与微型机相连，以接受微型机的控制指令；另一方面又通过机械接口向下与机械传动和执行机构相连，以实现规定的动作。因此，伺服驱动技术是直接执行操作的技术，对机电一体化产品的动态性能、稳态精度、控制质量等具有决定性的影响。常见的伺服驱动装置有电液电动机、脉冲液压缸、步进电动机、直流伺服电动机和交流伺服电动机。由于变频技术的进步，交流伺服驱动技术取得了突破性进展，为机电一体化系统提供高质量的伺服驱动单元，极大地促进了机电一体化技术的发展。

1.3.5 机械技术

机械技术是机电一体化的基础。机电一体化产品中的主功能和构造功能往往是以机械技术为主实现的。在机械与电子相互结合的实践中，机电一体化产品不断对机械技术提出更高的要求，使现代机械技术相对于传统机械技术而发生了很大变化。新机构、新原理、新材料、新工艺等不断出现，现代设计方法不断发展和完善，以满足机电一体化产品对减小质量、缩小体积、提高精度和刚度、改善性能等多方面的要求。

在机电一体化系统的制造过程中，经典的机械理论与工艺应借助计算机辅助技术，同时采用人工智能与专家系统等，形成新一代的机械制造技术。这里原有的机械技术以知识和技能的形式存在，是其他技术代替不了的。如计算机辅助工艺规程编制（CAPP）是目前CAD/CAM系统研究的瓶颈，其关键问题是如何对广泛存在于各行业、企业、技术人员中的标准、习惯和经验进行表达和陈述，从而实现计算机的自动工艺设计与管理。

1.3.6 系统总体技术

系统总体技术是一种从整体目标出发，用系统工程的观点和方法，将系统总体分解成有机联系的若干功能单元，并以功能单元为子系统继续分解，直至找到可实现的技术方案，然后把功能和技术方案组合成方案组进行分析、评价和优选的综合应用技术。系统总体技术所包含的内容很多，接口技术是其重要内容之一，机电一体化产品的各功能单元通过接口连接成一个有机的整体。接口包括电气接口、机械接口、人-机接口。电气接口实现系统间电信号连接；机械接口则完成机械与机械部分、机械与电气装置部分的连接；人-机接口提供了人与系统间的交互界面。系统总体技术是最能体现机电一体化设计特点的技术，其原理和方法还在不断地发展和完善之中。

1.3.7 可靠性与抗干扰技术

机电一体化系统及产品要能正常发挥其功能，首先必须稳定、可靠的工作。可靠性是系统和产品的重要属性之一，是考虑到时间因素的产品质量，对于提高系统的有效性、降低寿命期费用和防止产品发生故障具有重要意义。可靠性高，意味着故障少、寿命长、维修费用低；可靠性低，意味着故障多、寿命短、维修费用高。

任何机电一体化系统都在一定的电磁环境中工作。电磁干扰现象在我们的日常生活中是常见的。例如，附近的汽车点火系统会使电视机的图像跳动并出现爆裂声；使用电钻或电焊机会使计算机运行不正常；接通或断开电源开关时会使收音机发出"扑扑"的声音等。因此，要使机电一体化系统正常的工作，达到预期的功能，具有较高的可靠性，必须保证设备具有较高的抗干扰性能。特别是工业用机电一体化系统及产品，大多工作在干扰弥漫的车间现场，电磁环境恶劣，对其抗干扰性能要求更高。

学习模块 4　机电技术的发展趋势和展望

机电一体化是集机械、电子、光学、控制、计算机、信息等多学科的交叉综合,它的发展和进步依赖并促进相关技术的发展和进步。因此,机电一体化的主要发展方向如下。

1.4.1　智能化

智能化是 21 世纪机电一体化技术发展的一个重要发展方向。人工智能在机电一体化建设的研究日益得到重视,机器人与数控机床的智能化就是重要应用。这里所说的"智能化"是对机器行为的描述,是在控制理论的基础上,吸收人工智能、运筹学、计算机科学、模糊数学、心理学、生理学和混沌动力学等新思想、新方法,模拟人类智能,使它具有判断推理、逻辑思维、自主决策等能力,以求得到更高的控制目标。

使机电一体化产品具有与人完全相同的智能是不可能的,也是不必要的。但是,高性能、高速的微处理器使机电一体化产品具有低级智能或人的部分智能,则是完全可能而又必要的。

1.4.2　模块化

模块化是一项重要而艰巨的工程。由于机电一体化产品的种类和生产厂家繁多,研制和开发具有标准机械接口、电气接口、动力接口、环境接口的机电一体化产品单元是一项十分复杂但又是非常重要的事。如研制集减速、智能调速、电动机于一体的动力单元,具有视觉、图像处理、识别和测距等功能的控制单元,以及各种能完成典型操作的机械装置。这样,可利用标准单元迅速开发出新产品,同时也可以扩大生产规模。

推行模块化需要制定各项标准,以利于各部件、单元的匹配和接口。由于利益冲突,近期很难制定国际或国内这方面的标准,但可以通过组建一些大企业逐渐形成。显然,从电气产品的标准化、系列化带来的好处可以肯定,无论是对生产标准机电一体化单元的企业还是对生产机电一体化产品的企业,规模化将给机电一体化企业带来美好的前景。

1.4.3　网络化

网络技术的兴起和飞速发展给科学技术、工业生产、政治、军事、教育以及人们的日常生活都带来了巨大的变革。各种网络将全球经济、生产连成一片，企业间的竞争也将全球化。机电一体化新产品一旦研制出来，只要其功能独到、质量可靠，很快就会畅销全球。由于网络的普及，基于网络的各种远程控制和监视技术方兴未艾，而远程控制的终端设备本身就是机电一体化产品。现场总线和局域网技术使家用电器网络化已成大势，利用家庭网络(home net)将各种家用电器连接成以计算机为中心的计算机集成家电系统，使人们在家里就可以分享各种高技术带来的便利与快乐。因此，机电一体化产品无疑将朝着网络化方向发展。

1.4.4 微型化

微型化兴起于 20 世纪 80 年代末，指的是机电一体化向微型机器和微观领域发展的趋势。国外称其为微电子机械系统(MEMS)，泛指几何尺寸不超过 1 cm^3 的机电一体化产品，并向微米、纳米级发展。微机电一体化产品体积小、耗能少、运动灵活，在生物医疗、军事、信息等方面具有不可比拟的优势。微机电一体化发展的瓶颈在于微机械技术，微机电一体化产品的加工采用精细加工技术，即超精密技术，它包括光刻技术和蚀刻技术两类。

1.4.5 绿色化

工业的发达给人们生活带来了巨大变化：一方面，物质丰富，生活舒适；另一方面，资源减少，生态环境受到严重污染。于是，人们呼吁保护环境资源，回归自然。绿色产品概念在这种呼声下应运而生，绿色化是时代的趋势。绿色产品在其设计、制造、使用和销毁的生命过程中，符合特定的环境保护和人类健康的要求，对生态环境无害或危害极小，资源利用率极高。设计绿色的机电一体化产品，具有远大的发展前途。机电一体化产品的绿色化主要是指使用时不污染生态环境，报废后能回收利用。

1.4.6 系统化

系统化的表现之一就是系统体系结构进一步采用开放式和模式化的总线结构。系统可以灵活组态，进行任意剪裁和组合，同时寻求实现多子系统协调控制和综合管理。表现之二是通信功能的大大加强，一般除 RS232 外，还有 RS485、CAN、DCS 等。未来的机电一体化更加注重产品与人的关系。机电一体化的人格化有两层含义：一层是机电一体化产品的最终使用对象是人，如何赋予机电一体化产品人的智能、情感、人性显得越来越重要，特别是对家用机器人，其高层境界就是人机一体化；另一层是模仿生物机理，研制各种机电一体化产品。事实上，许多机电一体化产品都是人们受动物的启发研制出来的。

现在，机电一体化产品和系统已经渗透到国民经济、社会生活的各个领域。诸如家用电器、办公自动化设备、机械制造工艺设备、汽车、石油化工设备、冶金设备、现代化武器、航天器等机电一体化产品几乎达到"无孔不入"的地步，并且它们还迅猛地向前推进，特别是制造工业对机电一体化技术提出了许多新的更高的要求。机械制造自动化中的数控技术如 CNC、FMS、CIMS 及机器人等都被一致认为是典型的机电一体化的技术产品及系统，因此从这些典型的机电一体化产品可以了解到机电一体化的发展前景和趋势。当今数控机床正不断吸收最新技术成就，朝着高可靠性、高柔性化、高精度化、高速化、多功能复合化，制造系统自动化及采用 CAD 设计技术和宜人化方向发展。归纳起来，机电一体化的发展趋势应为：在性能上向高精度、高效率、高性能、智能化方向发展；在功能上向小型化、轻型化、多功能方向发展；在层次上向系统化、复合集成化的方向发展。机电一体化的优势，在于它吸收了各相关学科之长，且综合利用各学科并加以整体优化。因此，在机电一体化技术的研究与生产应用过程中，要特别强调技术融合、学科交叉的作用。机电一体化依赖于相关技术的发展，机电一体化的发展也促进了相关技术的发展。机电一体化必将以崭新的姿态在 21 世纪中继续发展。

学习任务

步骤一　参观实训场地和设备

现场参观学校机电控制实训室、自动化生产线实训室、智能制造车间等实训场所和设备，了解机电一体化设备的基本结构，重点了解设备各专业领域的应用，并做好详细记录。

步骤二　查阅相关资料

以小组（5～8 人为宜）为单位，查阅相关资料或网络资源，学习以下相关知识，并进行案例收集。

（1）机电一体化设备的构成与主要特点。

（2）典型机电一体化产品。

（3）机电产品的主要技术与要求。

（4）机电技术的发展趋势和展望。

步骤三　观看《大国重器》第一季

小组间进行交流与学习，梳理知识内容，了解国家装备制造的发展之路，树立为建设制造强国而学习技术技能的理想信念，提升民族自豪感。

第一集：《国家博弈》——国家竞争的真正擂台到底在哪儿？

在人类进化的长河中，250 万年的工具制造史，推动了人类文明的进步。从蛮荒时代的生存需求，到战争年代的称雄争霸，再到和平时期的繁荣发展，工具制造对于人类生活

学习单元 1 初步了解机电技术

的重要意义从未改变。今天，国家之间的竞争，从来就是实体经济的竞争，强大的装备制造业是实体经济的根基。在全球，机器制造每天都在创造着奇迹，机器制造的竞争每时每刻都体现着国家之间的博弈。

第二集：《国之砝码》——装备制造业缺位，中国会将怎样？

先进的机器制造已经席卷全球，它强硬的是一个国家民族的脊梁。从建立装备制造基地，到制造门类齐全的装备，中国，一批实业报国的中坚力量，肩负大国使命，冲破国际垄断，自主创造模式，让更多来自制造强国昂贵的机器价格，开始归于合理，平衡的砝码向中国制造加力，关乎国家命脉的装备制造能力，让国家的经济安全得到保障，一个新的创造时代正在开始。

第三集：《赶超之路》——引进、消化、吸收，如何赶超？

装备制造从来就和人们的生活息息相关，充足的天然气、灯火辉煌的城市，不再遥远的城际旅行，都让人们的生活变得舒适和方便。这一切，有的来源于造船领域中最亮的那颗明珠；有的得益于水电、火电、核电成套设备国际领先；有的来自速度，高速铁路列车让人实现了朝发夕至、一日千里的飞驰梦想……中国装备制造的赶超之路，就是中国人日益追赶美好生活的富足之路。

第四集：《智慧转型》——怎样迈向高端制造业？

中国装备制造业正在经历一场转型、一次革命，它每分每秒都在改变着中国。从观念转型带动结构转型，不断突破行业边界，以总包和服务赢得先机，让机器充满智慧，让销售走向极致；突破中国制造"空壳化"，这是迈向高端制造的国际路径。我们将进入一个个精妙的世界，探索紧密结合在一起的供需链条，知道解决这一切的动机和变革的艰辛。

第五集：《创新驱动》——核心竞争力怎样取得？

真正的世界级自主创新和企业核心竞争力怎样取得？它如何驱动中国装备制造业实现超越，让速度更快、让效率更高？全球顶级制造企业大手笔接纳中国机器的时代已经开启。当中国的机器制造能力越来越扎实、稳健的向高端攀升，创新的能力也开始大规模出现。这里将展现产业升级带来的创新动力，这里将展示创新驱动助力中国企业一步步走向世界高端制造领域。

第六集：《制造强国》——制造大国到制造强国还有多远？

从浩瀚的宇宙，到蔚蓝的海洋、再到广袤的大地，从传统的制造领域，到世界潮流最前沿，中国装备制造已经今非昔比。全球第一的制造总量，令世界瞩目。未来10年，完整的高端装备制造产业体系将会建立，基本掌握高端关键核心技术，产业竞争力进入世界先进行列。今天的中国，正在用自己的方式，努力缩短着制造大国到制造强国的距离。

第一集　国家博弈

第二集　国之砝码

第三集　赶超之路

第四集　智慧转型

第五集　创新驱动　　　　　　第六集　制造强国

学习评价

序号	评价指标	评价内容	分值	学生自评	小组评分	教师评分	合计
1	职业素养	劳动纪律，职业道德	10				
2		积极参加任务活动，按时完成工作任务	10				
3		团队合作，交流沟通能力，能合理处理合作中的问题和冲突	10				
4		爱岗敬业，安全意识，责任意识	10				
5		能用专业的语言正确、流利地展示成果	10				
6	专业能力	掌握机电一体化设备的构成与主要特点	10				
7		了解典型机电一体化产品	15				
8		熟悉机电产品的主要技术与要求	15				
9		了解机电技术的发展趋势和展望	10				
10	创新能力	创新思维和行动	20				
		总　　分	120				
教师签名：				学生签名：			

问题记录和解决方法	记录任务实施中出现的问题和采取的解决方法

单元小结

1. 机电技术是将机械技术、电工电子技术、微电子技术、信息技术、传感器技术、接口技术、信号变换技术等多种技术进行有机地结合，并综合应用到实际中去的综合技术。

2. 机电一体化系统是在传统机械产品的基础上发展起来的，是机械与电子、信息技术结合的产物。它包含了控制机构、执行机构、机械本体、传感机构和动力机构五个部分。

3. 机电技术是在传统技术的基础上由多种技术学科相互交叉、渗透而形成的一门综合性边缘性技术学科，所涉及的技术领域非常广泛。要深入进行机电一体化研究及产品开发，就必须了解并掌握这些技术。概括起来，机电一体化共性关键技术主要有：检测传感技术、信息处理技术、控制技术、伺服驱动技术、机械技术、可靠性与抗干扰技术、系统总体技术。

4. 机电一体化是机械、电子、光学、控制、计算机、信息等多学科的交叉综合，它的发展和进步依赖并促进相关技术的发展和进步。因此，机电一体化将向智能化、模块化、网络化、微型化、绿色化、系统化的大方向发展。

单元检测

一、简答题

1. 机电一体化设备的构成与主要特点。
2. 一个较完善的机电一体化系统应包括哪七大基本要素？
3. 简述工业机器人的基本构成及其各部分的作用。
4. 简述机电一体化的发展趋势及方向。

二、分析题

1. 用图表表示机电一体化系统，并分析各组成部分的功能。
2. 简单分析机电一体化相关技术在机电一体化中的作用。

三、综合题

通过资料查阅，列举生活中一到两个机电一体化产品实例，简单分析它们的工作情况以及性能。

学习单元 2

了解机电产品的主要制造技术

当今社会科学技术在不断发展,各式各样的科学技术都在互相结合使用,这就推进了技术新领域的改革创新。在机械工程中运用微电子和计算机技术组成了机电一体化,从而使机械工业领域的技术构造、产品结构及生产管理模式得到了很大的改善,同时也衍生了各行各业的机电产品。对各个领域不同种类机电产品的了解对机电一体化相关专业的学生来说,变得尤为重要。在今后的发展中,机电一体化将通过不断改革创新,将更好的发展空间呈现在人们眼前。

学习目标

(1)培养新时代青年学生积极学习的态度和主动探究的精神。
(2)了解时代前沿,进行思政教育,培养学生的创新意识。
(3)提升团队合作、交流沟通能力,能合理处理合作中的问题。
(4)学习机电技术信息收集、查找资源的方法,提高自主学习能力。
(5)掌握机械装调电技术的基础概念,了解机械连接的基本类型。
(6)掌握传感器的组成和类型,了解传感器的选择和应用。
(7)了解接口技术的分类和应用,学习相关的接口技术应用实例。
(8)了解机电产品常用的控制技术,了解常用的工控机系统。
(9)掌握机电产品的典型执行装置,了解各种不同类型电机的应用。
(10)了解气动液压技术和常用的机械传动装置。

学习单元 2 了解机电产品的主要制造技术

知识图谱

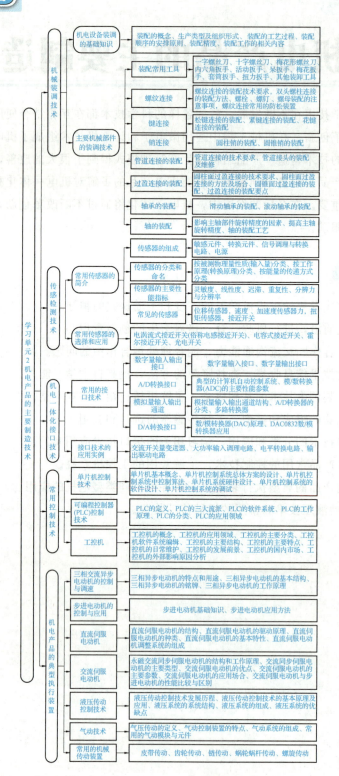

学习模块 1　机械装调技术

机械制造业为整个国家的国民经济的发展提供了技术装备，其发展水平更是一个国家工业化程度的主要标志之一，正因如此，机械行业正以迅猛的速度向前发展。随着现代制造技术的不断发展，机械传动机构的定位精度、导向精度和进给速度在不断提高，使传统的传动、导向机构发生了重大变化。直线导轨、滚珠丝杠的应用极大地提高了各种机械的性能。直线导轨副以其独有的特性，逐渐取代了传统的滑动直线导轨，广泛地应用在紧密机械、自动化、各种动力传输、半导体、医疗和航空航天等产业上。机械行业使用直线导轨，适应了现今机械对于高精度、高速度、节约能源以及缩短产品开发周期的要求，已被广泛应用在各种重型组合加工机床、数控机床、高精度电火花切割机、磨床、工业用机器人乃至一般产业用的机械中。滚珠丝杠由螺杆、螺母和滚珠组成，能将回转运动转化为直线运动，或将直线运动转化为回转运动。由于摩擦阻力很小，滚珠丝杠被广泛应用于各种工业设备和精密仪器，其主要功能是将旋转运动转换成线性运动，或将扭矩转换成轴向反覆作用力，同时兼具高精度、可逆性和高效率的特点。

工作情境

一个机械产品往往由成千上万个零件组成，机械装配与调试就是把加工好的零件按设计的技术要求，以一定顺序和技术连接成套件、组件、部件，最后组合成为一个完整的机械产品，同时进行一定的测量、检验、调试，以可靠地实现产品设计的功能。因此，机械装配与调试是机器制造过程中最后一个环节，是机械制造中最后决定机械产品质量的关键环节。为保证有效地进行装配工作，通常将机器划分为若干能进行独立装配的装配单元。其中零件是制造的单元，是组成机器的最小单元；套件是在一个基准零件上，装上一个或若干个零件构成的，是最小的装配单元；组件是在一个基准零件上，装上若干套件及零件而构成的；部件是在一个基准零件上，装上若干组件、套件和零件而构成的，在机器中能完成一定的、完整的功能；总装是在一个基准零件上，装上若干部件、组件、套件和零件，最后成为整个产品。产品装配完成后需要进行各种检验和试验，以保证其装配质量和使用性能；有些重要的部件装配完成后还要进行测试。因此，即使是全部合格的零件，如果装配不当，往往也不能形成质量合格的产品。所以，机械装配和调试的质量，最终决定了机械产品的质量。

图 2.1.1　机械系统装调工作场景

我国在机械系统装调领域人才辈出，在第 44 届世界技能大赛中，常州市选手宋彪勇夺工业机械装调项目金牌，并荣获全世界所有参赛选手最高奖项——阿尔伯特·维达大奖，实现了参赛以来历史性重大突破。江苏省省政府为宋彪记个人一等功、授予"江苏大工匠"称号；省人社厅认定宋彪副高级专业技术职称、晋升高级技师职业资格，优先推荐宋彪评选省有突出贡献中青年专家、享受国务院政府特殊津贴人员。

图 2.1.2　最美奋斗者　宋彪

图 2.1.3　第 44 届世界技能大赛工业机械装调项目冠军宋彪的工作场景

什么是工业机械装调？"装调，就是装配调试。比赛时，选手们拿到毛坯原材料后，把它加工成多种零件，最后组装在一起，成为具有使用功能的设备。"宋彪以通俗易懂的语言解释道。而在世赛现场，这一项目的持续时间是 4 天，累计 21 个小时。然而，顶级的工匠也是从最普通的技能中成长起来的。如何成为一名合格的机械装调操作工，需要做到以下几点。

第 44 届世界技能大赛
工业机械装调项目
冠军宋彪

1. 遵守"一般钳工"安全操作规程，严格按照钳工常用工具和设备安全操作规程进行操作。

2. 操作前，应按所有工具的需要和有关规定，穿戴好防护用品，女生长发要装入工作帽。

3. 所用工具必须齐备、完好、可靠才能开始工作，禁止使用有裂纹、带毛刺、手柄松动等不合安全要求的工具。

4. 使用电动工具时，应检查是否有漏电现象，工作时应接上漏电开关，并且注意保护导电软线，避免发生触电事故，使用电动工具时，必须戴绝缘手套。

5. 工作中注意周围人员及自身安全，防止因挥动工具、工具脱落、工件及铁屑飞溅造成伤害。

6. 严格按照装配工艺要求装配，成装时严禁用锤直接打击各种轴、轴承、轴套等，应用木板或软金属垫着打击。

7. 使用手锤时，应先检查锤柄与锤头是否松动、是否有裂纹、锤头上是否有卷边或毛刺。如有缺陷必须修好后再使用，手上、手柄上、锤头上有油污时，必须擦干净后方可进行操作。

8. 手工研磨内孔时，中小件要夹紧，大件要安放平稳，以免在操作中滑脱或翻倒，用力不可太猛，防止跌伤。

9. 用行车吊运工件，不准超负荷起吊。把钢丝绳挂牢后方可离开，并用手势指挥行车工把工件放到某一位置，较大工件必须放稳支牢。

10. 攻套丝和绞孔时，不要用嘴吹孔内的铁屑，以防止伤眼；不要用手擦拭工件的表面，以防止铁屑刺手。

11. 大型产品装配多人操作时，要有专人指挥，同行车工密切配合。停止装配时，不许有大型零部件吊悬于空中或放置在有可能滚动的位置上，中间休息应将未安装就位的大型工件用垫块支稳。

12. 成装时不准将手伸入两件连接的通孔，以防止工件移位挤伤手指。

13. 工作完毕，必须清理工作场地，将工具和零件整齐地堆放在指定的位置上。

14. 产品试车前应将各防护、保险装置安装牢固，并检查机器内是否有遗留物。试车时四周不准站人，严禁将安全保险装置有问题的产品试车。

2.1.1　机电设备装调的基础知识

1. 装配的概念

机械产品是由许多零部件组成的，按照规定的技术要求，将若干个零件组装成部件或将若干个零件和部件组装成产品的过程，叫作装配。

"装"——组装、连接。

"配"——仔细修配、精心调整。

由两个或两个以上的零件结合成的装配体称为组件。从装配的角度来看，部件也可以称为组件。由若干个零件、组件和部件装配成最终产品的过程叫总装配，如图2.1.4所示。

图 2.1.4　装配的概念图

2. 生产类型及组织形式

生产类型一般可分为三类：单件生产、成批生产和大量生产。

单件生产：件数很少，甚至完全不重复生产的，单个制造的一种生产方式。

成批生产：每隔一定时期后，成批地制造相同的产品。

大量生产：产品的制造数量很庞大，各工作地点经常重复地完成某一工序，并有严格的节奏性。

单件生产、成批生产、大量生产都有各自的装配组织形式。装配组织形式有固定式和移动式两种。

3. 装配的工艺过程

(1)研究和熟悉产品装配图及有关的技术资料，了解产品的结构、各零件的作用、相互关系及连接方法。

(2)确定装配方法。

(3)划分装配单元，确定装配顺序。

(4)选择准备装配时所需的工具、量具和辅具等。

(5)确定装配工艺卡片。

(6)采取安全措施。

4. 装配顺序的安排原则

装配过程中应遵循先选装配基准、先下后上、先内后外、先难后易、先重后轻、先精密后一般的基本原则，按如下过程进行装配：

(1)去掉工件毛刺与飞边，并预先进行清洗、防锈、防腐、干燥处理和防磕碰处理(装配前准备)。

(2)先基础重大件，后其他轻量件(如机床底座)。

(3)先复杂、精密件，后简单、一般件(如主轴件)。

(4)装配时有冲击的、需加压的、加热的先装。

(5)使用相同设备和工艺装备的装配和有共同特殊装配环境的装配集中安排。

(6)电气线路、油气管路的安装应与相应的工序同时进行。

(7)易燃、易爆、易碎、有毒的后装(如集中润滑系统)。

(8)前道装配工序应不影响后面装配工序的进行，后面的工序应不损坏前面工序的质量。

5. 装配精度

机器的质量主要取决于机器结构设计的正确性、零件的加工质量以及机器的装配精度。装配精度包括零部件间的配合精度和接触精度、位置尺寸精度和位置精度、相对运动精度。

(1)零部件间的配合精度是指配合面间达到规定的间隙或过盈的要求，它影响配合性质和配合质量，已由相关国家标准标准化。

(2)零部件间的接触精度是指配合表面、接触表面和连接表面达到规定的接触面积大小和接触点分布的情况。

(3)零部件间的位置尺寸精度是指零部件间的距离精度。

(4)零部件间的位置精度是指平行度、垂直度、同轴度和各种跳动。

(5)相对运动精度是指机器中有相对运动的零部件间在运动方向和运动位置上的精度。

(6)装配精度和零件精度有密切的关系,多数情况下,机器的装配精度由与它相关的若干零件、部件的加工精度决定。

6. 装配工作的相关内容

1)零件的清理和清洗

目的:去除黏附在零件上的灰尘、切屑和油污,并使零件具有一定的防锈能力。

原因:如果零部件装配面表面存留有杂质,会迅速磨损机器的摩擦表面,严重的会使机器在很短的时间内损坏,特别是轴承、密封件、转动件等。

装配时,对零件的清理和清洗内容:

(1)装配前,清除零件上的残存物,如型砂、铁锈、切屑、油污及其他污物。

(2)装配后,清除在装配时产生的金属切屑,如配钻孔、铰孔、攻螺纹等加工的残存切屑。

(3)部件或机器试车后,洗去由摩擦、运行等产生的金属微粒及其他污物。

2)零件的连接

零件的连接包括可拆连接(用螺纹、键、销连接等)和不可拆连接(胶水黏合、铆接和过盈配合等)两种。

3)校正、调整与配作、精度检验

校正:指装配连接过程中相关零、部件相互位置的找正、找直、找平及相应的调整工作。

调整:指调节零件或机构的相对位置、配合间隙和结合松紧等,如轴承间隙、齿轮啮合的相对位置和摩擦离合器松紧的调整(位置精度调整),传动轴装配时的同轴度调整,径向跳动和轴向窜动调整。

配作:指几个零件配钻、配铰、配刮和配磨等,装配过程中附加的一些机械加工和钳工操作。其中,配钻和配铰要在校正、调整,并紧固连接螺栓后再进行。

精度检验:就是用检测工具,对产品的工作精度、几何精度进行检验,直至达到技术要求为止。

4)平衡

对转速较高、旋转平稳性要求较高的机器,为防止其在工作时出现不平衡的离心力和振动,应对其旋转零部件进行平衡。用实验的方法来确定出其不平衡量的大小和方位,消除零件的不平衡质量,从而消除由此引起的机器旋转时的振动。不平衡产生原因一般是由于材料内部组织密度不均或毛坯缺陷及加工及装配误差造成的。为了保证平衡,一般采用动平衡试验与静平衡试验进行检测。

5)试车与验收(测试)

试车与验收(测试)是机器装配后,按设计要求进行的运转试验,其内容包括运转灵活性、工作时升温、密封性、转速、功率、振动和噪声等。

2.1.2 主要机械部件的装调技术

装配时零件连接的种类按照其连接方式的不同可分为固定连接和活动连接两种。固定连接有可拆的连接，如螺纹、键、销等；不可拆的连接如铆接、焊接、压合、胶合、扩压等。活动连接也有可拆和不可拆两种。

1. 装配时常用的工具

现代工业中，不管是微小的机器还是大型的设备都离不开螺纹连接，因此，螺钉的功能就显得尤为重要，它被称为"工业之米"。螺钉是利用物体的斜面圆形旋转和摩擦力的物理学和数学原理，循序渐进地紧固器物机件的工具。照相机、眼镜、钟表、飞机、汽车等，以及日常生活中的家用电器等全部都离不开螺钉。根据所使用的场所和要求的不同，螺钉的种类繁多，其头部有各种类型，如图 2.1.5 所示。

图 2.1.5　各类螺钉头部类型

根据不同的头部型号，拧紧螺钉的工具也需要不同的结构形状。虽然种类繁多，但总的来说可以分为两大类，一类是利用螺钉头部制造的凹的形状和工具上凸起的形状的配合来拧紧螺钉；另一类针对头部全部是实心的，没有任何凹的形状，但外部有特殊形状的螺钉，其利用外部的凸起的形状和工具中做的凹的形状来进行配合以拧紧螺钉，图 2.1.5 中的方头和外六角就属于这样的情况。下面介绍几种常用的工具。

1) 一字螺丝刀

这是最常见的一种，如图 2.1.6 所示，在螺丝刀最开始出现的时候都是一字的，但是其在现代机器中使用的已经不多，因为一字槽口一旦受到破坏，螺钉就无法拧出。一字槽的长度越长，也越容易在被拧的过程中遭到破坏。

图 2.1.6　一字螺丝刀

一字螺丝刀的型号表示为刀头宽度×刀杆长度。例如 2♯×75 mm，表示刀头宽度为 2 mm，杆长为 75 mm(非全长)。

2) 十字螺丝刀

这也是常见的一种，如图 2.1.7 所示。十字头比一字头出现得晚，但十字可以缩短槽口的长度，提高槽口抵抗破坏的能力，和一字槽相比，承受同样的扭力但槽口的长度却短了一半，抵抗破坏的能力也大大地加强了，所以现在新的机器大都采用十字螺丝刀，其应用非常广泛。

图 2.1.7 十字螺丝刀

十字螺丝刀的型号表示为刀头宽度×刀杆长度。例如 2♯×75 mm，表示刀头为 2 号，金属杆长为 75 mm(非全长)。

3) 梅花形螺丝刀

很多地方也称其为星形螺丝刀，其头部如图 2.1.8 所示。其英文名称是"Torx"，所以用"T"加数字来表示该种螺丝刀的型号，如 T6、T8、T10 等。

4) 内六角扳手

这属于 L 形六角螺丝刀。利用其较长的杆来增大力矩，从而更省力。现代机器设备上好多螺钉都带内六角孔，方便多角度用力，而且 L 形非常省力，所以内六角扳手的使用也非常广泛，如图 2.1.9 所示。

图 2.1.8 梅花型螺丝刀头部

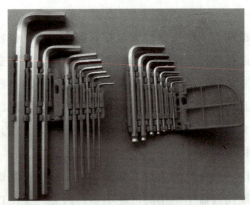

图 2.1.9 内六角扳手

内六角的英文为"Hexagon Socked"，内六角扳手的英文则为"Hex Wrench"，所以，有的厂家用"H"后加上数字表示内六角扳手的头部槽号，如 H1.5、H2.0、H3.5 等。数字越小，则头部越小。有些则是省略 H，直接标数字，数字的含义就是指的六角的对边距离，单位是 mm。它也属于专用工具，不同型号的内六角扳手只能用来拧紧相对应的内六角螺钉。

以上四种常用的工具都属于利用螺钉头部制造的凹的形状和工具上凸起的形状的配合来拧紧螺钉,下面介绍另一种利用螺钉外部的凸起的形状和工具中做的凹的形状来进行配合拧紧的情况。

5) 活动扳手

活动扳手也叫活扳手,也是非常常见的工具,如图 2.1.10 所示。其开口宽度可在一定尺寸范围内进行调节,能拧转不同规格的螺栓或螺母。

图 2.1.10 活动扳手

该扳手的结构特点是活动钳口下部制有和蜗杆配合的螺纹;拨动蜗杆,活动钳口可迅速移动,调换钳口位置,使钳口张开的宽度可以调节。其规格的表示方法是:长度×最大开口宽度。如 250×30,250 表示该扳手的标称长度为250 mm,标称最大开口宽度为 30 mm。活动扳手除了规格,一般都用型号来表示,一般常用的型号有:4 寸、6 寸、8 寸、10 寸、12 寸、15 寸、18 寸、24 寸,它们对应的规格为:100 mm、150 mm、200 mm、250 mm、300 mm、375 mm、450 mm、600 mm。也就是说,如果一把活动扳手上标了10″(10 寸),表示该扳手的标称长度为 250 mm。活动扳手相应的最大开口有 1.3 cm、1.93 cm、2.4 cm、3 cm、3.6 cm、4.6 cm、5.5 cm、6.2 cm。

活动扳手的通用性比较强,一把就可以装调很多不同尺寸的螺母、螺栓,但是装调时的效率会比较慢,不如其他专用扳手快速方便。选用时可以根据自己的情况及安装环境来进行选择。

6) 呆扳手

如图 2.1.11 所示,其一端或两端制有固定尺寸的开口,用以拧转一定尺寸的螺母或螺栓。其开口大小在柄上直接有标示,就是其规格。比如标示 17,就是指开口大小是 17 mm,可以根据需要来进行选用。

7) 梅花扳手

如图 2.1.12 所示,其两端具有带六角孔或十二角孔的工作端,可以用来拧外六角的螺栓或螺母,适用于工作空间狭小,不能使用普通扳手的场合。其尺寸也在柄上有直接标示,就是其规格,可以根据需要来进行选用。

图 2.1.11 呆扳手

图 2.1.12 梅花扳手

8) 套筒扳手(T 形扳手)

T 形扳手比较多,汽修行业应用较多。如图 2.1.13 所示,它是由多个带六角孔或十二角孔的套筒并配有手柄、接杆等多种附件组成,特别适用于拧转位置空间十分狭小或凹陷很深处的螺栓或螺母。

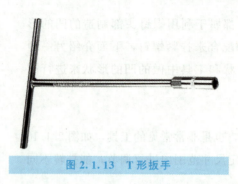

图 2.1.13　T形扳手

9）扭力扳手

如图 2.1.14 所示，它在拧转螺栓或螺母时，能显示出所施加的扭矩；或者在施加的扭矩达到规定值后，会发出光或声响信号。扭力扳手适用于对扭矩大小有明确规定的装配场合。如果设备对装配的要求明确规定了扭矩大小，就需要选择扭力扳手，不能按经验和手感来处理。

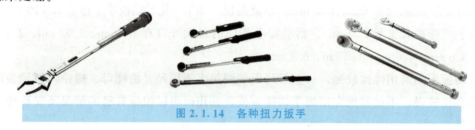

图 2.1.14　各种扭力扳手

10）其他装卸工具

其他装卸工具见表 2.2.1。

表 2.1.1　其他装卸工具

序号	名称	功能	样图
1	螺钉取出器	当螺钉头部断裂后，螺钉就很难取出，这时可以用螺钉取出器来取出断头螺钉	
2	手虎钳	用于夹持轻巧工件以便进行加工装配的手持工具	
3	多用压管钳	用于维修液压油管，压型、切断等	

续表

序号	名称	功能	样图
4	胀管器	用于扩胀管路和翻边等	
5	拉马	用于拆卸皮带轮、轴承等	
6	液压拉马	用于拆卸皮带轮、轴承等	
7	样冲	用于钻孔前打凹坑,供钻头定位	
8	冲子	用于非金属材料穿孔	
9	钢号码	压印钢号	

11)电动工具

(1)电动螺丝刀。电动螺丝刀也叫电动起子,如图 2.1.15 所示。它以电动机代替人手安装和移除螺栓,人们通常使用的是组合螺丝刀。组合螺丝刀是把螺栓批头和柄分开的螺栓批,要安装不同类型的螺栓时,只需把螺栓批头换掉就可以,不需要带备大量螺栓批。其好处是可以节省空间,但却容易遗失螺栓批头。图 2.1.16 中电动螺丝刀所使用的就是组合螺栓批头,可以根据不同的场合需要,更换不同的批头来进行安装。另外,因为是电动工具,操作时务必要保证安全,遵守正确的操作规范。

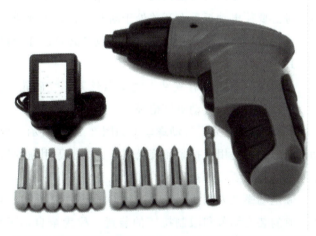

图 2.1.15 电动螺丝刀

(2)电动扳手。电动扳手如图 2.1.16 所示,就是以电源或电池为动力的扳手,是一种拧紧高强度螺栓的工具，又叫高强度螺栓枪，主要分为冲击扳手、扭剪扳手、定扭矩扳手、转角扳手、角向扳手等。

图 2.1.16　电动扳手

电动扳手主要应用于钢结构安装行业，专门安装钢结构高强度螺栓，高强度螺栓是用来连接钢结构结点的，通常是用螺栓群的方式出现。高强度螺栓可分为扭剪型和大六角型两种，国标扭剪型高强度螺栓有 M16、M20、M22、M24 四种，非国标的有 M27、M30 两种；国标大六角型高强度螺栓有 M16、M20、M22、M24、M27、M30 等几种。一般的，对于高强度螺栓的紧固都要先初紧再终紧，而且每步都需要有严格的扭矩要求。大六角高强度螺栓的初紧和终紧都必须使用定扭矩扳手，所以各种电动扳手就是为各种紧固需要而制造的。使用时要根据被拧紧的螺母大小来选择匹配的套筒，并妥善安装；使用送电前，务必要使电动扳手上开关处于断开状态，否则插头插入电源插座时电动扳手会立刻转动，从而可能发生危险；操作过程中也务必要遵守操作规范，保证安全。

12) 气动工具

常用的气动工具有气钻、气动螺丝刀、气砂轮、气动扳机、气动截断机、气动攻丝机、气动铆钉机、气动射钉枪等。

(1) 气动螺丝刀。气动螺丝刀如图 2.1.17 所示，也叫气动起子、风批、风动起子、风动螺丝刀等，是用于拧紧和旋松螺栓、螺母等用途的气动工具。和电动螺丝刀一样，根据不同的场合需要，选择不同的螺栓批头来工作。

和电动螺丝刀相比，气动螺丝刀的动力源不同，它是用压缩空气作为动力源来运行的。有的装有调节和限制扭矩的装置，称为全自动可调节扭力式，简称全自动气动螺丝刀。有的无以上调节装置，只是用开关旋钮调节进气量的大小以控制转速或扭力的大小，称为半自动不可调节扭力式，简称半自动气动螺丝刀，其主要用于各种装配作业。由气动电动机、摇打式装置和减速装置几大部分组成。由于它的速度快、效率高、温升小，已经成为组装行业必不可缺的工具。形式有半自动摇打式、全自动扭力控制式。操作启动模式有下压式、手按式。气动螺丝刀是比较精巧的工具，使用时要轻拿轻放，并且注意保养，使用时必须遵守操作规范和使用说明，特别是对于一些会产生反作用扭矩的工具，在操作上一定要注意防范，务必注意安全。

(2) 气动扳手。气动扳手，也叫风炮、风扳手、气扳机，如图 2.1.18 所示。它是以压缩空气为动力的扳手，是一种拧紧高强度螺栓的工具。气动扳手被广泛应用在许多行业，如汽车修理、重型设备维修、产品装配、安装钢丝螺套，以及其他任何一个地方的高扭矩输出需要。气动扳手一般分为两类：一类是常规性也就是很普通的冲击扳手；一类是脉冲气动扳手。两者的区别是：前者不能定扭矩，而后者可以，气动扭矩扳手就属于后者。气动扳手使用时和气动螺丝刀一样，务必遵守操作规程和使用说明，一定要注意安全。

图 2.1.17 气动螺丝刀

图 2.1.18 气动扳手

2. 螺纹连接

螺纹连接是一种可拆的固定连接。螺纹连接具有结构简单，连接可靠，装拆方便、迅速，装拆时不易损坏机件等优点，因而在机械固定连接中应用极为广泛。螺纹连接的类型有螺栓连接、双头螺柱连接、螺钉连接、紧定螺钉连接。

1) 螺纹连接的装配技术要求

(1) 拧紧力矩的大小。为了达到连接可靠和紧固目的，装配时要有一定的拧紧力矩，使螺纹间产生足够的预紧力和摩擦力矩。

预紧力的大小是根据装配要求确定的。一般紧固螺纹无预紧力的要求，由装配者按经验控制。

规定预紧力的螺纹连接、预紧力的大小，可用下式计算出拧紧力矩：

$$M = kP_0 d \times 10$$

式中　M——拧紧力矩($N \cdot m$)；

　　　d——螺母公称直径(mm)；

k——拧紧力矩系数(一般为:有滑润时,$k=0.13\sim0.15$;无滑润时,$k=0.18\sim0.21$);

P_0——预紧力。

(2)控制螺纹预紧力的方法。

①利用专用的装配工具,如测力扳手、定扭矩扳手、电动、风动扳手等。其中测力扳手是常用的一种。

②测量螺栓的伸长法。拧紧前先测出螺栓伸出长度 l_1,再根据预紧力 P_0 拧紧螺母。这时螺栓受拉伸长为 l_2,即 $l_2-l_1=$ 伸长数,根据伸长数便可确定拧紧力矩是否正确。

③扭角法。其原理与测量螺栓伸长法相同,只是将伸长量折算成螺母在原始拧紧位置上(各被连接件贴紧后),再拧转一个角度。

④螺栓不应有歪斜或者弯曲现象,螺母应与被连接件接触良好。

⑤被连接件平面要有一定的紧固力,并且受力均匀、连接牢固。

2)双头螺柱连接的装配方法

(1)双螺母拧紧法。先将两个螺母相互锁紧在双头螺柱上,然后转动上面的螺母,即可把双头螺柱拧入螺孔。

(2)螺母拧紧法。先将长六角螺母旋在双头螺柱上,再拧紧止动螺钉,然后扳动长螺母,即可将双头螺柱拧入螺孔,如图 2.1.19 所示。

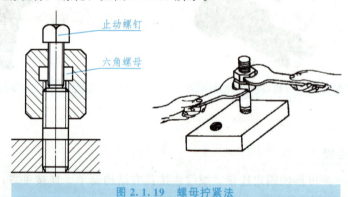

图 2.1.19 螺母拧紧法

注意:装入双头螺柱时,必须先用润滑油将螺栓、螺孔间隙润滑,以免拧入时出现咬住现象;保证双头螺栓与机体螺纹的配合紧固性;保证双头螺栓轴心线与机体表面垂直。

3)螺栓、螺钉、螺母装配的注意事项

(1)单独螺栓、螺钉、螺母的装配比较简单,首先零件装配处的平面应经过加工。装配前,要将螺栓、螺钉、螺母和零件的表面擦净;螺孔内的脏物应清理干净。

(2)装配后螺栓、螺钉、螺母的表面必须与零件平面紧密贴合,以保证连接牢固可靠。

(3)一组螺栓、螺钉、螺母装配成直线形与长方形分布时,先将螺母分别拧到贴近零件表面,然后按图 2.1.20 的顺序,从中间开始,向两边对称地依次拧紧。

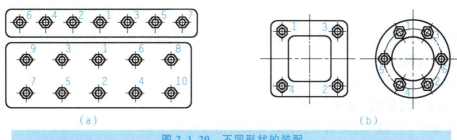

图 2.1.20 不同形状的装配

(a)直线形与长方形；(b)方形与圆形

(4)拧紧成组螺母时要做到分次逐步拧紧，一般不少于三次，并且必须按一定的拧紧力矩拧紧。若有定位销，拧紧要从定位销附近开始。

4)螺纹连接常用的防松装置

螺纹连接一般都具有自锁性，在静荷载作用下或者是工作温度变化不大时，一般不会自行松脱。但是在冲击、振动或者是工作温度变化很大时，螺纹连接就能松动。为了保证螺纹连接可靠，就必须采用防松装置。

3. 键连接

键连接是用键将轴与轴上零件连接在一起，用以传递扭矩的一种连接方法。

键连接具有结构简单、工作可靠、装拆方便等优点，所以在机器装配中广泛应用。如齿轮、带轮、联轴器等与轴多采用键连接。

1)松键连接的装配

(1)装配前要清理键和键槽的锐边、毛刺以防装配时造成过大的过盈。

(2)对重要的键连接，装配前应检查键的直线度、键槽对称度和倾斜度。

(3)用键头与轴槽试配松紧，应能使键紧紧地嵌在轴槽中。键的顶面与轴槽之间应有 0.3~0.5 mm 间隙。

(4)锉配键长，键宽与轴键槽间应留 0.1 mm 左右的间隙。

(5)在配合面涂上机油，用铜棒或台虎钳(钳口上应加铜皮垫)将键压装在轴槽中，直至与槽底面接触。

(6)试配并安装套件，安装套件时要用塞尺检查非配合面间隙，以保证同轴度要求。

(7)对于导向平键，装配后应滑动自如，为了拆卸方便，设有起键螺钉，但不能摇晃，以免引起冲击和振动。

2)紧键连接的装配

(1)去除键与键槽的锐边、毛刺。

(2)将轮装在轴上，并对正键槽。

(3)键上和键槽内涂机油，用铜棒将键打入，两侧要有一定的间隙，键的底面与顶面要紧贴。

(4)配键时，要用涂色法检查斜面的接触情况，若配合不好，可用锉刀、刮刀修整键或键槽。

（5）若是钩头紧键，不能使钩头贴紧套件的端面，必须留有一定距离，以便拆卸。

3）花键连接的装配

花键的连接有固定套和滑动套两种类型。

（1）固定套连接的装配要点。

①检查轴、孔的尺寸是否在允许过盈量的范围内。

②装配前必须清除轴、孔的锐边和毛刺。

③装配时可用铜棒等软材料轻轻打入，但不得过紧，否则会拉伤配合表面。

④过盈量要求较大时，可将花键套加热（80 ℃～120 ℃）后再进行装配。

（2）滑动套连接的装配要点。

①检查轴孔的尺寸是否在允许的间隙范围内。

②装配前必须清除轴、孔的锐边和毛刺。

③用涂色法修正各齿间的配合，直到花键套在轴上能自动滑动，没有阻滞现象，但不应有径向间隙感觉。

④套孔径若有较大缩小现象，可用花键推刀修整。

4. 销连接

用销钉将机件连接在一起的方法称销连接。销连接的作用有：

（1）定位作用，如图 2.1.21 所示。

（2）起连接作用，如图 2.1.22 所示。

（3）起保险作用，如图 2.1.23 所示。

销连接具有结构简单、连接可靠和装拆方便等优点。常用的销连接有圆柱销、圆锥销、槽销、开口销、安全销等。

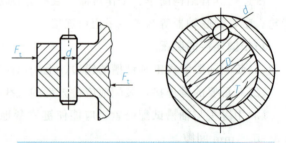

图 2.1.21 销连接的定位作用

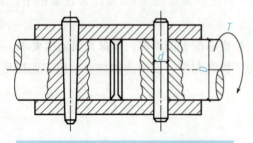

图 2.1.22 销连接的连接作用

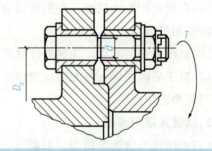

图 2.1.23 销连接的保险作用

1）圆柱销的装配

（1）圆柱销一般多用于各种机件的定位（如夹具、各类冲模等）。装配前应检查销钉与销孔是否有合适的过盈量，一般过盈量在 0.01 mm 左右适宜。

(2)为保证连接质量，应将连接件两孔一起钻铰。

(3)装配时，销上应涂机油润滑。

(4)装入时，应用软金属垫在销子端面上，然后用锤子将销子打入孔中，也可用压入法装入。

(5)在打不通孔的销孔前，应先用带切销锥的铰刀最后铰到底，同时在销钉外圆用油石磨一通气平面，否则由于空气排不出，销钉打不进去。

2) 圆锥销的装配

(1)将被连接工件的两孔一起钻铰。

(2)边铰孔，边用锥销试测孔径，以销能自由插入销长的 80％为宜。

(3)销锤入后，一般销子的大头以露出工件表面或使之一样平为准。

(4)不通锥孔内应装带有螺孔的锥销，以免取出困难。

5. 管道连接的装配

管道装置可分为可拆卸的连接和不可拆卸的连接。可拆的连接有管子、管接头、连接盘和衬垫等零件组成；不可拆卸的连接是用焊接的方法连接而成的。

1) 管道连接的技术要求

(1)管道的选择应该根据压力和使用场所的不同来进行。要保证有足够的强度、内壁光滑、清洁、无砂眼、无锈蚀、无氧化皮等缺陷。

(2)对有腐蚀的管道，在配管作业时要进行酸洗、中和、清洗、干燥、涂油、试压等工作，直到合格才能使用。

(3)管子切断时，断面要与轴线垂直。

(4)管子弯曲时，不能把管子压扁。

(5)管道每隔一定的长度要有支撑，用管夹头牢固固定，以防振动。

(6)管道在安装时，应保证压力损失最小。

(7)在管路的最高部分应装设排气装置。

(8)管道中，任何一段管道或者元件都能单独拆装，且不影响其他元件，便于修理。

(9)安装好管道后，应再拆下来，经过清洗干燥、涂油及试压，再进行二次安装，以免污物进入管道。

2) 管道接头的装配及维修

(1)扩口薄管接头的装配。对于有色金属、薄钢管或尼龙管都采用扩口薄管接头的装配。装配时先将管子端部扩口套上管套和管螺母，然后装入管接头。一般在管接头螺纹上涂上白胶漆或者用密封胶带包裹在螺纹外，拧入螺孔，以防泄漏，如图 2.1.24、图 2.1.25 所示。

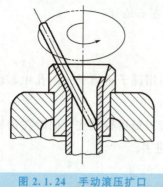

图 2.1.24　手动滚压扩口

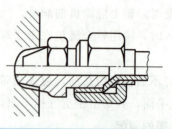

图 2.1.25　扩口薄管接头

（2）球形管接头的装配。把凹球面接头体和凸球面接头体分别和管子焊接，再把连接螺母套在球面接头体上，然后拧紧连接螺母松紧度适当，也可以采用法兰接头，如图 2.1.26、图 2.1.27 所示。

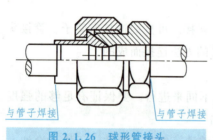

图 2.1.26　球形管接头

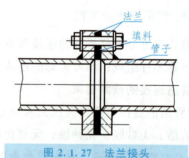

图 2.1.27　法兰接头

（3）高压胶管接头的装配。将胶管接头处剥去一定长度的外胶皮，在剥离处倒 15°，剥去外胶皮时不能损坏钢丝层，然后装入外套内，把接头心拧入外套及胶管中，如图 2.1.28、图 2.1.29 所示。

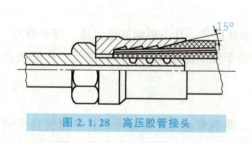

图 2.1.28　高压胶管接头

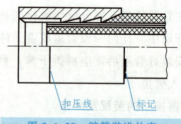

图 2.1.29　胶管装进外套

（4）管道连接的维修。管道经过长期使用后，管子和管接头经常发生漏液、漏气或者断裂现象。一般钢管及连接盘可以进行焊接或更换新管子。橡胶、尼龙管子泄漏时应该更换新管子。

6. 过盈连接的装配

包容件(孔)和被包容件(轴)利用过盈来达到紧固连接的目的叫过盈连接。

过盈连接具有结构简单、对中性好、承受能力强、能承受变载和冲击力的优点。由于过盈配合没有键槽,因而可避免机件强度的削弱,但配合面加工精度要求较高,加工麻烦。

1) 圆柱面过盈连接的技术要求

(1) 装配后最小实际过盈量,要能保证两个零件相互之间的准确位置和一定的紧密度。

(2) 装配后最大的实际过盈量要保证不会使零件遭到损伤,甚至破裂。

(3) 为了便于装配,包容件的孔端和被包容件的进端要适当倒角(5°～10°)。

2) 圆柱面过盈连接的方法及场合

(1) 压入法。压入法适用于配合要求较低或配合长度较短的场合,此法多用于单件生产。常用的压入法及设备如图2.1.30所示。

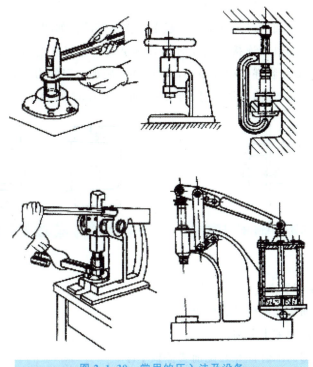

图 2.1.30　常用的压入法及设备

(2) 热胀配合法。它利用金属材料热胀冷缩的原理,方法是先将包容件加热,使之胀大,然后将被包容件装入到配合位置,从而达到装配的要求,一般适用于大型零件,而且过盈量较大的场合。

(3) 冷缩配合法。方法是先将被包容件用冷却剂冷却,使之缩小,然后再装入包容件到配合位置,从而达到装配的要求。冷缩法和热胀法相比,收缩变形量较大,因而多用于过渡配合,有时也用于轻型过盈配合。

(4)液压套合法。液压套合法一般适用于将轴、轴套一起进行压入场合。利用液压装拆圆锥面过盈连接时,要注意以下几点:

①严格控制压入行程,以保证规定的过盈量。

②开始压入时,压入速度要小。

③达到规定行程后,应先消除径向液压后再消除轴向液压,否则包容件常会弹出而造成事故。拆卸时也应注意:

　a. 拆卸时的液压比安装时要低。

　b. 安装时,配合面要保持洁净,并涂以经过滤的轻质润滑油。

3) 圆锥面过盈连接的装配

圆锥面过盈连接是利用包容件和被包容件,相对轴向位移相互压紧而获得过盈结合的。特点是压合距离短、装拆方便,装拆时不容易擦伤配合面,可用于多次装拆的场合。

圆锥面过盈连接的装配方法有两种:

(1)用螺母压紧圆锥面的过盈连接,一般多用在轴端部,如图 2.1.31 所示。

(2)液压装拆圆锥面过盈连接,装配时用高压泵油由包容件上的油孔压入配合面,使包容件的内径胀大,被包容件的内径缩小,同时还要施加一定的力使孔轴互相压紧。当压紧到预定的位置时排出高压油就形成过盈连接,如图 2.1.32 所示。

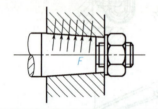
图 2.1.31　螺母压紧圆锥面的过盈连接

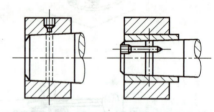
图 2.1.32　液压装拆圆锥面过盈连接

4) 过盈连接的装配要点

(1)相配合的表面粗糙度应符合要求。

(2)相配合的表面要求十分清洁。

(3)经加热或冷却的配合件在装配前要擦拭干净。

(4)装配时配合表面必须用润滑油,以免装配时擦伤表面。

(5)装压过程要保持连续,速度不宜太快,一般以 2~4 mm/s 为宜。

(6)压入时,特别是在开始压入阶段必须保持轴与孔的中心线一致,不允许有倾斜现象。

(7)对细长的薄壁件(如管件)要特别注意检查其过盈量和形状误差,装配要尽量采用垂直压入,以防变形。

7. 轴承的装配

用来支承轴或轴上的旋转零件的部件称为轴承。轴承分为如下几类:

(1)按摩擦性质分：

①滑动轴承；②滚动轴承(按摩擦性质分)。

(2)按受力方向不同分：

①径向轴承——承受径向力；②推力轴承——承受轴向力(按受力方向不同分)。

1)滑动轴承的装配

轴与轴承孔进行滑动摩擦的一种轴承，称滑动轴承。

(1)滑动轴承的类型。

滑动轴承的类型如下：

①按承受荷载的方向：径向轴承、推力轴承、圆锥轴承、球面轴承。

②按承受荷载的方式：动压轴承、静压轴承。

③按润滑剂的种类：液体润滑轴承、气体润滑轴承、固体润滑轴承、脂润滑轴承等。

④按轴承材料种类：金属轴承、粉末冶金轴承、非金属轴承。

⑤按轴承结构形式：整体或对开轴承、单瓦或多瓦轴承、全周或部分包角轴承。

(2)滑动轴承具有如下特点：

①工作可靠。

②传动平稳。

③无噪声。

④润滑油膜具有吸振能力。

⑤能承受较大的冲击荷载等。

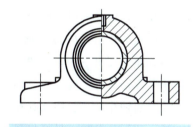

图 2.1.33 整体式向心滑动轴承

滑动轴承一般用于高速运转的机械传动。

(3)整体式向心滑动轴承(图2.1.33)的装配。

①装前应检查机体内径与轴套外径尺寸是否符合规定要求。

②对两配合件要仔细地倒棱和去毛刺。

③清洗配合件。

④装配前对配合件要涂润滑油。

⑤压入轴承套，当过盈量小时可用锤子在放好的轴套上，加垫或心棒敲入。如果过盈量较大，可用压力机或拉紧工具压入。用压力机压入时要防止轴套歪斜，压入开始时可用导向环或导心轴导向；对承受较大负荷的滑动轴承的轴套，还要用紧定螺钉或定位销固定，如图2.1.34所示。

⑥修整压入后轴套孔壁，消除装压时产生的内孔变形，如内径缩小、椭圆形、圆锥形等。

⑦按规定的技术要求检验轴套内孔：用内径百分表在孔的两三处相互垂直方向上检查轴套的圆度误差；用塞尺检验轴套孔的轴线与轴承体端面的垂直度误差。

⑧对在水中工作的尼龙轴承，安装前应在水中浸煮一定时间(约1h)再安装，使其充分吸水膨胀，以防止内径严重收缩。

(4)剖分式滑动轴承(图2.1.35)的装配。

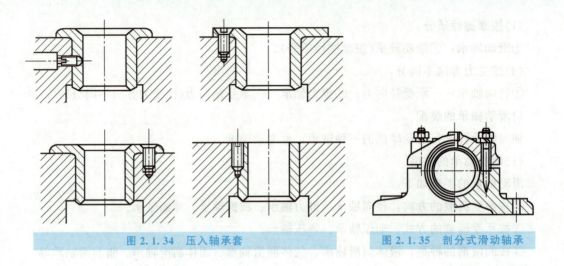

| 图 2.1.34 压入轴承套 | 图 2.1.35 剖分式滑动轴承 |

①清理轴承座、轴承盖、上瓦和下瓦的毛刺、飞边。

②用涂色法检查轴瓦外径与轴承座孔的贴合情况，不贴合或贴合面积较少的，应锉削或刮研至着色均匀。

③压入轴瓦后，应检查轴瓦剖分面的高低，轴瓦剖分面应比轴承体的剖分面略高出一些，一般高出 0.05～0.1 mm。

轴承座安装与芯棒
上母线调试

④压入轴瓦时，应在对合面上垫木板轻轻锤入。

⑤配刮轴瓦：一般用与其相配合的轴来研点；通常先刮下瓦(因下瓦承受压力大)，后刮上瓦；刮瓦显点时，最好将显示剂涂在轴瓦上为宜；在合瓦显点的过程中，螺栓的紧固程度以能转动轴为宜；研点配刮轴瓦至规定间隙及触点为止。

⑥装配前，对刮好的瓦应进行仔细地清洗后再重新装入座、盖内。

⑦垫好调整垫片，瓦内壁涂润滑油后细心装入配合件，按规定拧紧力矩均匀地拧紧锁紧螺母。

(5)锥形表面滑动轴承的装配。

①内柱外锥式轴承(图 2.1.36)的装配方法及步骤：

a. 将轴承外套压入箱体孔中，并达到配合要求。

b. 修刮轴承外套的内孔(用专用心棒研点)，接触点数要达到规定要求。

c. 在轴承上钻削进、出油孔，注意与油槽相接。

d. 以外套的内孔为基准，研点配刮内轴套的外锥面，接触点数要达到规定的要求。

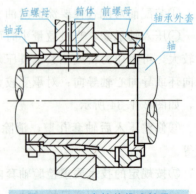

图 2.1.36 内柱外锥式轴承

e. 把主轴承装入外套孔内，并用螺母来调整主轴承的轴向位置。

f. 以轴为基准，配刮轴套的内孔，接触点数要达到规定要求。

g. 清洗轴套和轴颈,并重新安装和调整间隙,达到规定要求。

② 内锥外柱式轴承的装配方法。装配方法和步骤与外锥内柱式轴承装配大体相同,所不同点是:

a. 以相配合的轴为基准,只需研刮内锥孔。

b. 由于内孔为锥孔,所以研点时将箱体竖起来,这样轴在研点时能自动定心。

c. 研点时要用力将轴推向轴承,不使轴因自重而向下移动。

(6)液体静压轴承的装配。

利用外界的油压系统供给一定压力润滑油,使轴颈浮起,使轴与轴颈达到润滑的目的,这种润滑方式称液体静压润滑。利用这种润滑的原理制造的轴承,叫液体静压润滑轴承,如图 2.1.37 所示。

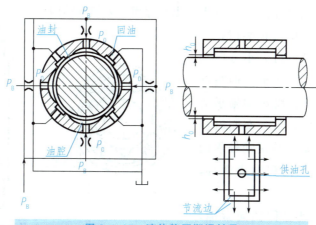

图 2.1.37 液体静压润滑轴承

① 静压轴承的工作原理:油泵泵出具有一定压力的油液,经过节流器(节流器方式有固定节流和可变节流两种)进入压力腔,把轴颈与轴承分开,即把轴颈悬浮在轴承中间。

② 静压轴承的装配方法的步骤是:

a. 装配前,必须将全部零件及油管系统用汽油彻底清洗,不允许用棉纱等去擦洗,防止纤维物质堵塞节流孔。

b. 检查主轴与轴承间隙,一般双边间隙为 0.035~0.04 mm,然后将轴承压入壳体中。

c. 轴承装入壳体孔后,应保证其前后轴承的同轴度要求和主轴与轴承间隙。

d. 试车前,液压供给系统需运行 2 h,然后清洗过滤器,再接入静压轴承中正式试车。

2)滚动轴承的装配

工作时,有滚动体在内外圈的滚道上进行滚动摩擦的轴承,叫滚动轴承。

滚动轴承具有摩擦力小、工作效率高、轴向尺寸小、装拆方便等优点。

(1)滚动轴承的选择。

① 应根据实际需要选择滚动轴承,首先满足轴承的工作要求,而且要成本低、经济

性好。

②一般可按轴承承受荷载的方向、大小、性质选择轴承类型。如果承受纯径向荷载，可选用深沟球轴承。如果承受纯轴向荷载，当转速不高时，可选用推力球轴承；当转速较高时，可选用角接触球轴承。

③若要求转速较高，荷载较小，旋转精度高时，宜选用球轴承；要求转速低，荷载较大或有冲击、振动、要求有较大的支承刚度时，宜选用滚子轴承。但滚子轴承的价格高于球轴承，且精度越高，轴承的价格越高。据此进行分析，合理地选用滚动轴承。

（2）滚动轴承游隙和预紧。

①滚动轴承内圈与轴的配合采用的是基孔制；外圈与轴承孔的配合采用的是基轴制。按标准规定，轴承内径尺寸只有负偏差，这与通用公差标准的基准孔尺寸只有正偏差不同。轴承外径尺寸只有负偏差，但其大小也与通用公差标准不同。

②确定滚动轴承配合种类时，一般应考虑的因素有：负荷大小方向和性质；转速的高低；旋转精度的高低以及装卸是否方便等。将滚动轴承的一内圈或一外圈固定，另一套圈沿径向或轴向的最大活动量称滚动轴承的游隙。轴承游隙分径向和轴向两种，如图 2.1.38 所示。

沿径向最大活动量称径向游隙，沿轴向最大活动量称轴向游隙。

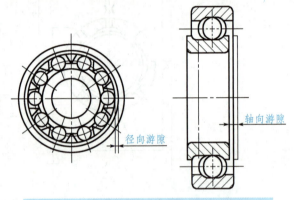

图 2.1.38 轴承游隙

轴承所处状态不同，径向游隙有原始游隙、配合游隙和工作游隙三种。

对预紧力较小的滚动轴承游隙一般用手拨和棒拨方法调整，如图 2.1.39 所示。

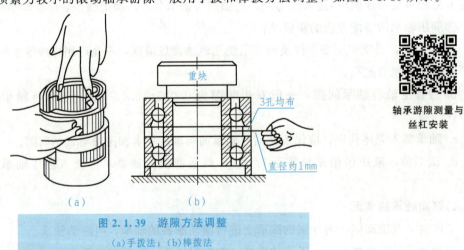

图 2.1.39 游隙方法调整
（a）手拨法；（b）棒拨法

③在安装滚动轴承时预先给予一定的荷载，以消除轴承的原始游隙和使内外圈滚道之

间产生弹性变形，这种方法称为预紧。预紧的目的是为了提高轴的旋转精度和使用寿命，减少机器工作时轴的振动，如图 2.1.40 所示。

实现滚动轴承预紧的方法有径向预紧和轴向预紧两种，具体方法如下：

径向预紧：利用圆锥孔内圈在轴上做轴向移动时，使轴承内圈胀大来达到预紧的目的。

轴向预紧：使轴承内外圈做轴向相对移动。具体方法是用轴承内、外垫圈厚度差，实现预紧，如图 2.1.41 所示。

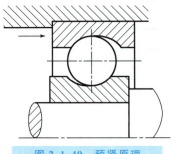

图 2.1.40 预紧原理

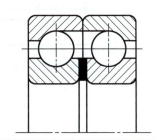

图 2.1.41 用垫圈的预紧方法

其中轴向预紧方法有如下几种：

a. 磨削成对轴承内、外圈的方法，如图 2.1.42 所示。

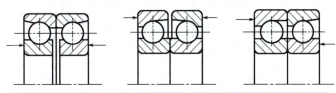

图 2.1.42 磨削成对轴承内、外圈的方法

b. 弹簧预紧的方法。

（3）滚动轴承的装配方法。

①装配前应详细检查轴承内孔、轴、外环与外壳孔所配合的实际尺寸，符合要求后才能进行装配。

②用汽油或煤油清洗轴承与轴承相配合的零件。

③根据轴承的类型与配合性质，采用不同的方法进行装配：

a. 当轴承内圈与轴紧配，而外圈与壳体配合较松时，可先将轴承装在轴上，然后把轴承与轴一起装入壳体。

b. 当轴承外圈与壳体紧配，而内圈与轴配合较松时，可将轴承先压入壳体。

c. 当轴承内圈与轴，外圈与壳体孔都是紧配合时，把轴承同时压入轴上与壳体。

d. 对于角接触轴承，因其外圈可分离，可以分别把内圈装入轴上，外圈装在壳体中，然后调整游隙。

④轴承内环与轴相配过盈量较大时，除用压力机压入外，还可将轴承内环在油中加热

至 80 ℃～100 ℃，然后与轴装配，如图 2.1.43 所示。过盈量较小可用锤子打入，用锤子打入时，应注意使周边受力均匀。

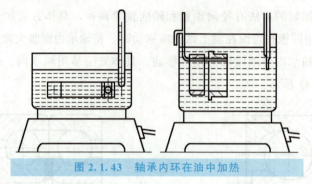

图 2.1.43　轴承内环在油中加热

(4) 轴承的固定方法。

① 两端单向固定方式，如图 2.1.44 所示。

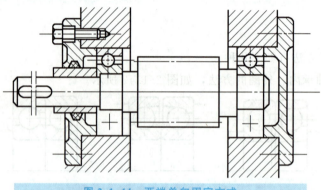

图 2.1.44　两端单向固定方式

② 一端双向固定方式，如图 2.1.45 所示。

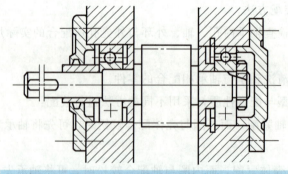

图 2.1.45　一端双向固定方式

(5) 滚动轴承装配时的注意点如下：

① 轴承打印号的端面一般朝外，以便更换时检查号码。

②装配好的轴承端面,应与轴肩或孔的支承面贴靠,用手转动应无卡阻现象。
③在装配轴承的过程中,应严格保持清洁,防杂物进入轴承。
④装配好的轴承在运转的过程中应无噪声,工作温度不超过 50 ℃。

(6)滚动轴承密封装置的装配。

密封装置的作用是防止润滑油流失和灰尘、杂物、水分等侵入。

密封装置分为接触式和非接触式两类。

①接触式密封。

a. 圈密封装置。结构简单、摩擦磨损较大,用在低速清洁的场合下密封润滑脂,如图 2.1.46 所示。

图 2.1.46 毡圈密封装置

b. 碗式密封装置,如图 2.1.47 所示。

图 2.1.47 皮碗式密封装置

安装皮碗式密封装置时应注意与轴接触的密封唇方向。用于防止漏油时,密封唇应向着轴承;用于防止外界污物侵入时,密封唇应背向轴承。

②非接触式密封。

a. 间隙式密封装置。靠轴和轴承盖的孔之间充满润滑脂的微小间隙实现密封,用在清洁不很潮湿的场合,如图 2.1.48(a)所示。开槽后密封效果更好,如图 2.1.48(b)所示。

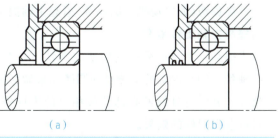

图 2.1.48 间隙式密封装置
(a)不开槽;(b)开槽

b. 迷宫式密封装置。在曲折的窄

缝中注满润滑脂，工作时轴圆周速度越高密封效果好，如图 2.1.49 所示。

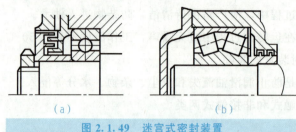

图 2.1.49　迷宫式密封装置
(a)径向曲路密封；(b)轴向曲路密封

8. 轴的装配

轴是机械中的重要零件，所有带孔的传动零件，如齿轮、带轮、蜗轮以及一些工作零件如叶轮、活塞等都要装到轴上才能工作。轴、轴上零件与两端支承的组合称轴组。

为了保证轴及其上面的零件、部件能正常运转，要求轴本身具有足够的强度和刚度，并必须能满足一定的加工精度要求。

1) 影响主轴部件旋转精度的因素

(1) 影响主轴径向圆跳动的因素。

① 主轴本身的精度(如主轴轴颈同轴度、锥度以及圆度等)。

② 轴承本身的精度(主要是指轴承内滚道表面的圆度)。

③ 主轴箱壳体前后轴承孔的同轴度、锥度与圆度。

(2) 影响主轴轴向窜动的因素。

① 主轴轴颈肩后面的垂直度与径向圆跳动。

② 紧固轴承的螺母、衬套、垫圈等端面圆跳动和平行度。

③ 轴承本身的端面圆跳动和轴向窜动。

④ 主轴箱壳体孔的端面圆跳动。

(3) 影响主轴部件旋转均匀性和平稳性的因素。

① 主轴及轴上传动零件(如齿轮、带轮等)精度和装配质量。

② 外界振源(如电动机、锻锤等)引起主轴振动。

2) 提高主轴旋转精度

在不提高主轴与轴承制造精度的条件下，要提高主轴的旋转精度可事先将主轴与轴承，按轴颈与轴承内圈的实测径向圆跳动量做好标记，然后取径向圆跳动量接近的轴颈与轴承装配，并将各自的偏心部位按相反的方向安装。采用上述定向方法装配，如选配恰当，可以获得很好的效果。

3) 轴的装配

(1) 装配前，进行清洗，去除毛刺，并按图样检查轴的精度。

(2) 轴的预装：由于轴类零件一般都要经过高频感应加热、淬火等热处理，轴的尺寸和形状，在控制过程中和运输过程中会产生毛刺和磕碰痕迹，所以先要进行修整，可以用条形磨石或整形锉将轮和轴的棱边倒角，然后清洗预装。

（3）着色法修正：轮和轴的试装多采用着色法修整。

（4）装配：如果在齿轮上装有变速用的滑块或拨叉和滑块还要预先放置好。

（5）装配到位后，扳动手柄，齿轮应滑动自如，手感受力均匀。持锤子的手，应感到锤有很大的回弹力，并发出清脆的回声。再检查轴承内环与轴肩贴合是否紧密，手柄的定位，齿轮的啮合是否完全正确等。

由于轴的装配精度直接影响整个机器的质量，所以在装配过程中对各因素都要考虑周密，并且格外细心。

学习模块 2 熟悉传感检测技术

传感器作为数据采集的入口，既是自动控制系统的重要组成部分，物联网、智能工业、智能设备、无人驾驶等领域的"心脏"，也是智能感知时代下最基础的硬件。作为信息技术的三大支柱之一，各行各业都离不开传感与检测技术。

2020 年最新的传感器，包括用于物联网和可穿戴设备的传感器，它们将很快改变电子行业。不论是检测病人蛋白质水平的无声心脏病检测器，还是警告纠正乘员坐姿错误的椅子，这两种创新方案都是最新发明的。而传感器在电子设备中起着至关重要的作用。事实上，随着科学技术的进步，传感器的应用也在不断扩展。根据行业报告，与计算机和通信设备市场相比，传感器正在成为最大和增长最快的市场。您会在智能手机、汽车、安全系统甚至咖啡壶等日常物品中找到传感器！除消费类电子产品外，传感器也是物联网（IoT）、医疗、核能、国防、航空、机器人技术和人工智能、农业、环境监测和深海应用的组成部分。

工作情境

1. 工业 4.0 智能制造中的工业传感器应用

工业传感器，是考验一个国家工业体系是否完善的关键性因素。工业传感器不仅性能指标要求苛刻，种类也非常繁杂。从功能上来说，工业传感器分为光电、热敏、气敏、力敏、磁敏、声敏、湿敏等不同类别。以工业机器人为例，其中涉及的几种重要传感器包括：三维视觉传感器、力扭矩传感器、碰撞检测传感器、安全传感器、焊接缝追踪传感器、触觉传感器等。相对于民用来说，工业环境对传感器的要求更高，从稳定性、精度、运行安全等多方面考虑。和消费电子等民用领域相比，用于智能制造的工业传感器在精度、稳定性、抗震动和抗冲击性方面提出了更为苛刻的要求。工业控制要确保零误差，传感器不仅要能实时通信，还要足够精准。传感器应用在不同的工业领域，对其能耐受的温度、湿度、酸碱度也有不同的个性化要求，功耗和尺寸也会受到严格限制。

图 2.2.1　工业传感器的应用场景

2. 新基建数字农业物联网传感器应用

物联网传感器包括温度传感器、接近传感器、压力传感器、RF 传感器、热释电 IR 传感器、水质传感器、化学传感器、烟雾传感器、气体传感器、液位传感器、汽车传感器和医疗传感器等。这些最新的传感器连接到计算机网络以进行监视和控制。物联网系统使用传感器和互联网，以其独特的灵活性提供增强的数据收集、自动化和操作，从而在整个行业中得到了广泛的应用。

数字农业主张将数字化信息作为农业新的生产要素，用数字信息技术对农业对象、环境和全过程进行可视化表达、数字化设计、信息化管理的新兴农业发展形态。数字农业主要包括农业物联网、农业大数据、精准农业、智慧农业 4 个方面，而这 4 个方面的核心关键都包括数据采集与监测。

风是农业生产不可或缺的一个环境因素，适度的风速对农田环境条件的改善起着重要的作用，如加速农田近地层热量交换、农田蒸散和空气中的二氧化碳、氧气的输送过程等。此外，风还可以传播植物的花粉、种子，对植物授粉和繁殖也有影响。与此同时，风对农业也有消极的影响,风能传播病原体,蔓延植物病害。大风会造成叶片机械擦伤、作物倒伏、落花落果等,严重影响农作物产量。大风还会造成土壤风蚀、沙丘移动、毁坏农田等问题。

风速风向的监测可以实时记录风的变化,从而及时安排农事工作,减少损失,确保农业稳产高产。应用专业的风向风速传感器进行气象环境的监测和数据采集,可以实时监测农业生产中的风力情况,结合其他农业环境数据,则可深入挖掘气象大数据应用潜力,为现代农业的发展提供精细化、科学化的农业气象服务。

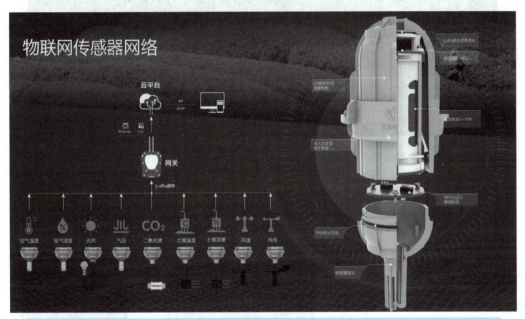

图 2.2.2　新基建数字农业物联网传感器应用

3. 医疗穿戴式传感器应用

传感器使专业的医护人员和患者能够不断地监测和跟踪病情,单个设备中的多个传感器的小型化、定制化和集成化允许在更多应用中采用更多数据,更方便医护人员了解病人病情的发展情况和相关数据。最新的穿戴式传感器包括医疗传感器、GPS、惯性测量单元(IMU)和光学传感器。利用现代技术和微型电路,可穿戴式传感器现在可以部署在数字健康监控系统中。传感器还集成到各种配件中,例如衣服、腕带、眼镜、耳机和智能手机。IDTechEx 的一份报告预测,到 2022 年,光学、IMU 和 GPS 传感器将在传感器市场上占据主导地位。

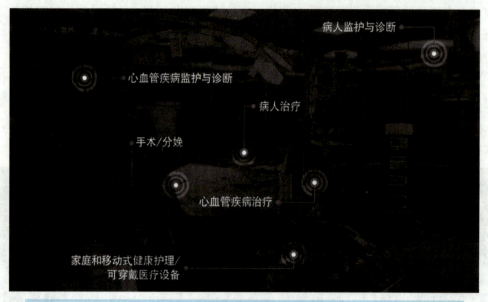

图 2.2.3 医疗监护系统传感器应用

2.2.1 机电产品中的常用传感器简介

传感器（Sensor）也称变换器（Transducer），是将非电量（物理量、化学量等）等按一定规律转换成便于测量、传输和控制的电量或另一种非电量的元器件或装置，如图 2.2.4 所示。它是利用物理、化学学科的某些效应（如压电效应、热电效应）、守恒原理（如动量、电荷量）、物理定律（如欧姆定律、胡克定律）及材料特性按一定工艺实现的。它的输入量是某一被测量，可能是物理量，也可能是化学量、生物量等。它的输出量是某种物理量，这种量要便于传输、转换、处理、显示等，主要是电量。传感器的输入输出的转换规律（关系）已知，转换精度要满足测控系统的应用要求。

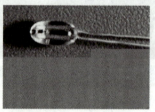

(a)

(b)

(c)

(d)

图 2.2.4 传感器
(a)热敏电阻(空调)；(b)CCD 图像传感器(照相机)；
(c)力传感器(电子秤)；(d)气敏传感器(煤气灶)

1. 传感器的组成

传感器由敏感元件(Sensitive Component)、转换元件、信号调理与转换电路组成。敏感元件是能直接感受(或响应)被测信息(通常为非电量)的元件;转换元件则是能将敏感元件感受(或响应)的信息转换为电信号的部分;信号调理和转换电路是将来自转换元件的微弱信号转换成便于测量和传输的较大信号。传感器的组成如图 2.2.5 所示。

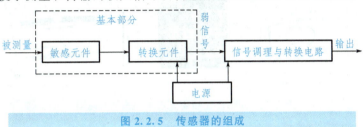

图 2.2.5 传感器的组成

1) 敏感元件

敏感元件是传感器中能够直接感受或者感应被测量的部分。不同的传感器有不同的敏感元件。例如测量温度的传感器就必须要有对温度敏感的材料做成的敏感元件,如图 2.2.6 所示;热敏油墨和医疗方面应用广泛的记忆合金。图 2.2.7 所示为对压力敏感的弹性元件、波纹管、弹簧管以及对力敏感的悬臂梁。

图 2.2.6 对温度敏感的材料
(a)热敏油墨;(b)记忆合金

图 2.2.7 对压力敏感的弹性元件
(a)弹簧管;(b)波纹管;(c)悬臂梁

2) 转换元件

转换元件能将敏感元件感受或者响应的被测量转换成电路参量。如图 2.2.8 所示,将电阻应变片贴在悬臂梁上,当悬臂梁受力发生形变时,电阻应变片也随之发生形变,引起电阻应变片电阻的变化,即电阻应变片将力的变化转换成电阻的变化,是力变化的转换元件。

要注意的是,不是所有的传感器都有敏感元件和传感元件,如果某传感器的敏感元件直接输出的是电量,说明该敏感元件同时兼做传感元件。或者某传感元件能够直接感受被测量的变化并输出与之成一定关系的电量,则该传感元件同时也是传感元件,所以有些传感器的敏感元件和传感元件是合二为一的,如图 2.2.9 所示的压电晶体、热电偶、光电池等。

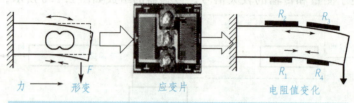

图 2.2.8 力变化转换元件——电阻应变片

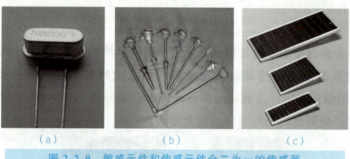

图 2.2.9 敏感元件和传感元件合二为一的传感器
(a)压电晶体;(b)热电偶;(c)光电池

3) 信号调理与转换电路

信号调理与转换电路是把转换元件转换后的电路参量变换成易于处理、显示、记录、控制和传输的电信号。常见的信号调理与转换电路有直流电桥、交流电桥、调频电路等,如图 2.2.10 所示。直流电桥可以将电阻微小变化转换成输出电压的变化,可以作为电阻应变片的信号调理与转换电路。调频电路可以将电容的变化转换成频率的变化,适用于那些将被测量的变化转换成电容量的变化的传感器。

4) 电源

电源的作用是为传感器提供能

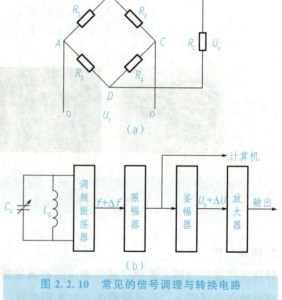

图 2.2.10 常见的信号调理与转换电路
(a)直流电桥;(b)调频电路

源。需要外部接电源的称为无源传感器,不需要外部接电源的称为有源传感器。如电阻式传感器、电感式传感器和电容式传感器就是无源传感器,工作时需要外部电源供电,而压电式传感器、热电偶是有源传感器,工作时不需要外部电源供电。

2. 传感器的分类和命名

基于某种原理制作的传感器可以测量不同的物理量,同一个物理量可以使用不同的传感器来测量,所以传感器有很多分类方法,常见的有以下三类。

1) 按被测物理量性质(输入量)分类

按被测物理量分类的传感器包括位移传感器、速度传感器、负荷传感器、力传感器、流量传感器、温度传感器等,如图 2.2.11 所示。

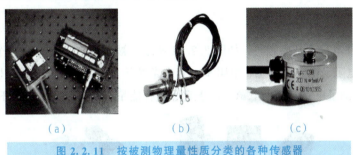

图 2.2.11 按被测物理量性质分类的各种传感器
(a)位移传感器;(b)速度传感器;(c)力传感器

2) 按工作原理(转换原理)分类

按工作原理分类的传感器包括电阻式传感器、电感式传感器、电容式传感器、磁电式传感器、压电式传感器、霍尔传感器、超声波传感器等,能够从基本原理上归纳传感器的共性和特性,如图 2.2.12 所示。

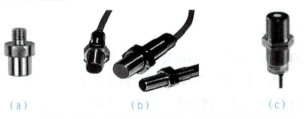

图 2.2.12 按工作原理分类的各种传感器
(a)压电式传感器;(b)霍尔传感器;(c)超声波传感器

3) 按能量的传递方式分类

将非电能量转换成电能量的转换元件均可分为两类——有源元件和无源元件。

(1)有源元件是一种能量转换器,可将非电能量转换成电能量。如热电偶可将热能转换成热电势,光电池可将光能转换成光电势,如图 2.2.13 所示。有些具有可逆特性,当输入机械能时,通过它可转换成电能;反之,可能将电能转换成机械能,如压电式传感器、磁电式传感器等。

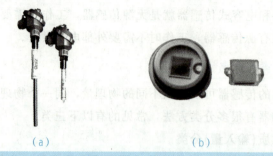

图 2.2.13　有源元件
(a)热电偶；(b)光电池

（2）无源元件本身不是换能器，如图 2.2.14 所示。被测量直接或间接的作用引起该元件的某一电参数(电阻、电容、电感、电阻率、介电常数等)的变化，要想获得电压和电流的变化值，必须匹配测量电路和辅助电源。由于它不进行能量转换，因此一般是不可逆的。

图 2.2.14　无源元件
(a)电阻式传感器；(b)电感式传感器

3. 传感器的主要性能指标

传感器的性能指标一般指输入、输出特性，有静态和动态之分。下面仅介绍传感器的静态特性的一些指标。传感器的静态特性是指被测量处于稳定状态下的输入输出关系。传感器的静态的性能指标有灵敏度、线性度、迟滞、重复性、分辨力和分辨率等。

1) 灵敏度

灵敏度是指传感器在稳态下输出量的变化与输入量的变化之比，用 k 表示，如图 2.2.15 所示。

$$k = \frac{\mathrm{d}y}{\mathrm{d}x} \approx \frac{\Delta y}{\Delta x}$$

由图 2.2.15 可知，灵敏度 k 是特性曲线上某点的切线斜率。如果特性曲线是直线，则 k 为常数；如果特性曲线是非线性的，则 k 是变化的。

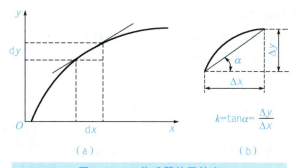

图 2.2.15 传感器的灵敏度
（a）传感器的输入输出特性；（b）灵敏度的表示

2）线性度

传感器的线性度是指传感器的输出与输入之间数量关系的线性程度。输出与输入关系可分为线性特性和非线性特性。大部分传感器是非线性的，所以实际使用中，为了标定和数据处理的方便，引入了非线性补偿电路或者计算机软件法等补偿环节以求得线性关系。当非线性的误差不是很大且输入量变化范围较小时，可用一条直线（切线或割线）近似地代表实际曲线的一段以使传感器输入输出特性线性化，这种直线称为拟合直线。采用拟合直线线性化时，传感器输出量与输入量之间的实际关系曲线偏离拟合直线的程度，及两者之间的最大偏差和传感器满量程输出之间的比值称为线性度，如图 2.2.16 所示。

$$\gamma_L = \frac{\Delta L_{max}}{y_{max} - y_{min}} \times 100\%$$

式中　ΔL_{max} ——最大非线性误差；

　　　y_{max} ——传感器的最大输出值；

　　　y_{min} ——传感器的最小输出值。

3）迟滞

传感器在输入量由小到大（正行程）及输入量由大到小（反行程）变化期间其输入输出特性曲线不重合的现象称为迟滞，如图 2.2.17 所示。

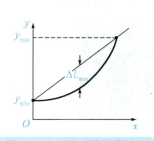

图 2.2.16 传感器的线性度

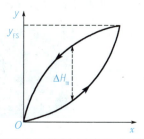

图 2.2.17 迟滞特性

$$\gamma_H = \frac{\Delta H_m}{y_{FS}} \times 100\%$$

式中　ΔH_m ——正反行程之间的最大差值；

y_{FS}——传感器的满量程输出。

产生迟滞现象的主要原因有传感器敏感元件材料的物理性质和机械部分存在不可避免的缺陷,如磁滞、弹性元件的弹性滞后、电元件的单向特性等,以及轴承摩擦、间隙、紧固件松动、材料的内摩擦、积尘等。

4) 重复性

重复性是指传感器在输入量按同一方向做全量程连续多次变化时,所得特性曲线不一致的程度,如图2.2.18所示。

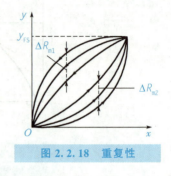

图 2.2.18 重复性

$$\gamma_R = \pm \frac{\Delta R_{\max}}{y_{FS}} \times 100\%$$

式中 $\Delta R_{\max}$——正反行程的最大误差;

y_{FS}——传感器的满量程输出。

5) 分辨力与分辨率

分辨力是指传感器能够测量到的最小输入变化值,它代表了传感器的最小量程,与输入量同量纲。对于数字式仪表,其分辨力通常为该表最后一位数字所表示的数值;一般的模拟式仪表,则是用仪表最小刻度分格值的1/2。分辨率表示传感器的分辨能力,用分辨力除以仪表满量程得到,主要用于说明其分辨质量。

🎯 4. 常见的传感器

传感器在生产生活中有很多应用,较常见的传感器有位移传感器,速度、加速度传感器,力、扭矩传感器,接近开关等几大类,下面分别介绍这几类比较常见的传感器。

1) 位移传感器

位移是指物体的某个表面或某点相对于参考表面或参考点位置的变化。位移有线位移和角位移两种。线位移是指物体沿着某一条直线移动的距离;角位移是指物体绕着某一定点旋转的角度。根据测量的位移不同,位移传感器可以分成直线型和回转型两大类。图2.2.19所示为直线型位移传感器,图2.2.20所示为回转型位移传感器。

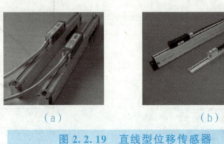

(a)　　　　　　　　(b)

图 2.2.19 直线型位移传感器
(a)长光栅位移传感器;(b)磁尺

58

图 2.2.20 回转型位移传感器
(a)圆光栅位移传感器;(b)光电编码器

2)速度、加速度传感器

(1)速度传感器。单位时间内位移的增量就是速度,用于检测物体运动速度的传感器称为速度传感器,如图 2.2.21 所示。速度包括线速度和角速度,与之相对应的速度传感器分为线速度传感器和角速度传感器两大类。

(2)加速度传感器。加速度传感器是一种能够测量物体加速度的传感器,图 2.2.22 所示为常见的加速度传感器。

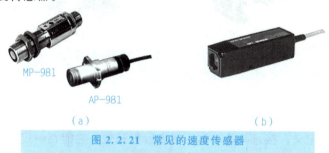

图 2.2.21 常见的速度传感器
(a)磁电式速度传感器;(b)光电式速度传感器

图 2.2.22 常见的加速度传感器
(a)压电式加速度传感器;(b)电容式加速度传感器

3)力、扭矩传感器

(1)力传感器。能感受外力并将外力转换成可输出信号的传感器,如图 2.2.23 所示。

图 2.2.23　常见的力传感器

(a)张力传感器；(b)称重传感器

(2)扭矩传感器。扭矩传感器是对各种旋转或非旋转机械部件上对扭转力矩感知的检测。扭矩传感器将扭力的物理变化转换成精确的电信号，如图 2.2.24 所示。

图 2.2.24　常见的扭矩传感器

(a)扭紧式扭矩传感器；(b)法兰式扭矩传感器

4)接近开关

(1)接近开关的定义。接近开关又称无触点行程开关，它能在一定的距离(几毫米至几十毫米)内检测有无物体靠近。当物体与其接近到设定距离时，就可以发出"动作"信号，而不像机械式行程开关那样，需要施加机械力。多数接近开关具有较大的负载能力，可以直接驱动中间继电器。

接近开关的核心部分是"感辨头"，它对正在接近的物体具有较高的感辨能力。

(2)接近开关的外形。接近开关的外形如图 2.2.25 所示，可以分成圆柱形、平面安装形、方形、槽形和贯穿形。圆柱形安装方便，便于调整与被测物的距离。平面安装形和方形可用于板材的检测，槽形和贯穿形可用于线材的检测。

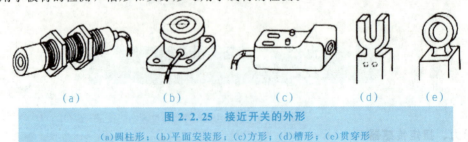

图 2.2.25　接近开关的外形

(a)圆柱形；(b)平面安装形；(c)方形；(d)槽形；(e)贯穿形

(3)接近开关的特点。与机械开关相比,接近开关具有以下优点:

①非接触测量,避免了对传感器自身和目标物的损坏。
②无触点输出,输出信号大,便于与计算机或可编程控制器(PLC)等对接。
③采用全密封结构,防潮、防尘性能较好,工作可靠性强。
④反应速度快。
⑤感测头小,安装灵活、方便调整。

接近开关的缺点主要是触点容量小,短路时易烧毁。

2.2.2 机电产品中常用传感器的选择和应用

1. 机电一体化系统中传感器的选择

传感器的基本要求:体积小、质量小、适应性好;精度和灵敏性高、响应快、稳定性好、信噪比高;安全可靠、寿命长;便于与计算机对接;不易被检测对象和外部环境影响;环境适应能力强;现场安装、处理简单、操作方便、价格便宜。

现代传感器在原理与结构上千差万别,在选择传感器之前,应对其使用环境进行调查,并根据具体的使用环境选择合适的传感器,或采取适当的措施减小环境的影响。传感器的稳定性有定量指标,在超过使用期后,在使用前应重新进行标定,以确定传感器的性能是否发生变化。

1)确定传感器的类型

要进行一个具体的测量工作,首先要考虑采用何种原理的传感器,这需要分析多方面的因素之后才能确定。因为,即使是测量同一物理量,也有多种原理的传感器可供选用,哪一种原理的传感器更为合适,则需要根据被测量的特点和传感器的使用条件考虑以下一些具体问题:量程的大小;被测位置对传感器体积的要求;测量方式为接触式还是非接触式;信号的引出方法为有线或是非接触测量;传感器的来源为国产还是进口,价格能否承受,还是自行研制。在考虑上述问题之后就能确定选用何种类型的传感器,然后再考虑传感器的具体性能指标。

2)灵敏度的选择

通常,在传感器的线性范围内,希望传感器的灵敏度越高越好。因为只有灵敏度高时,与被测量变化对应的输出信号的值才比较大,更有利于信号处理。但要注意的是,传感器的灵敏度越高,与被测量无关的外界噪声越容易混入,被放大系统放大会影响测量精度。因此,要求传感器本身应具有较高的信噪比,尽量减少从外界引入的干扰信号。传感器的灵敏度是有方向性的,当被测量是单向量,而且对其方向性要求较高,则应选择其他方向灵敏度小的传感器;如果被测量是多维向量,则要求传感器的交叉灵敏度越小越好。

3)响应特性(反应时间)

传感器的频率响应特性决定了被测量的频率范围,必须在允许频率范围内保持不失真的测量条件，实际上传感器的响应总有一定延迟，希望延迟时间越短越好。传感器的频率响应高，可测的信号频率范围就宽，而由于受到结构特性的影响，机械系统的惯性较大，因此频率低的传感器可测信号的频率较低。在动态测量中，应根据信号的特点（稳态、瞬态、随机等）响应特性，以免产生过大的误差。

4）线性范围

传感器的线形范围是指输出与输入成正比的范围。理论上讲，在此范围内，灵敏度保持定值。传感器的线性范围越宽，则其量程越大，并且能保证一定的测量精度。在选择传感器时，当传感器的种类确定以后首先要看其量程是否满足要求。但实际上，任何传感器都不能保证绝对的线性，其线性度也是相对的。当要求测量精度比较低时，在一定的范围内，可将非线性误差较小的传感器近似看作线性的，这会给测量带来极大的方便。

5）稳定性

传感器使用一段时间后，其性能保持不变化的能力称为稳定性。影响传感器稳定性的因素除传感器本身结构外，主要是传感器的使用环境。因此，要使传感器具有良好的稳定性，传感器必须要有较强的环境适应能力。

6）精度

精度是传感器的一个重要性能指标，它是关系到整个测量系统测量精度的一个重要环节。传感器的精度越高，其价格越昂贵，因此，传感器的精度只要满足整个测量系统的精度要求就可以，不必选得过高，这样就可以在满足同一测量目的的诸多传感器中选择比较便宜和简单的传感器。如果测量目的是定性分析的，选用重复精度高的传感器即可，不宜选用绝对量值精度高的；如果是为了定量分析，必须获得精确的测量值，这就需选用精度等级能满足要求的传感器。

在某些要求传感器能长期使用而又不能轻易更换或标定的场合，所选用的传感器的稳定性要求更严格，要能够经得住长时间的考验。

2. 传感器在机电一体化系统中的应用

接近开关是一种常用的传感器，它在航空、航天技术以及工业生产中都有广泛的应用。在日常生活中，接近开关在宾馆、饭店、车库的自动门，自动热风机上都有应用；在安全防盗方面，如资料档案、财会、金融、博物馆、金库等重地，通常都装有由各种接近开关组成的防盗装置；在测量技术中，其用于长度、位置的测量；在控制技术中，如位移、速度、加速度的测量和控制，也都使用着大量的接近开关。

1）电涡流式接近开关（俗称电感接近开关）

电涡流式接近开关由 LC 高频振荡电路、振荡器、比较器、末级放大电路等组成，具体的结构如图 2.2.26 所示。

电涡流式接近开关是利用金属导体接近能产生高频电磁场的感辨头时，金属物体内部产生涡流，这个涡流反作用于接近开关，使接近开关的振荡能量衰减，内部电路参数发生变化，由此识别出是否有金属物体接近，进而控制开关的通或断。这种开关检测的物体必须是导电性能良好的金属。

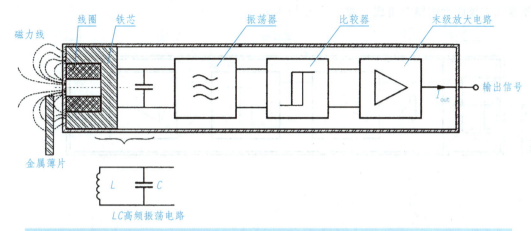

图 2.2.26　电涡流式接近开关的结构

这种接近开关常用于工作台、油缸及气缸的行程控制，还可用于生产工件的加工定位、产品计数等场合。图 2.2.27 所示为电涡流式接近开关的应用。

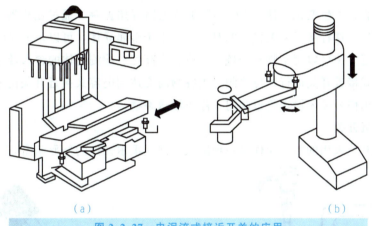

图 2.2.27　电涡流式接近开关的应用
(a)机加工的位置检测；(b)机器人手臂位置检测

2)电容式接近开关

电容式接近开关的核心是由感应电极和罩极构成的检测端，感应电极和罩极位于接近开关的最前端，两者构成了一个电容，如图 2.2.28 所示。

电容式接近开关由 RC 高频振荡电路、振荡器、比

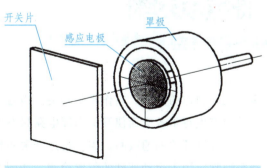

图 2.2.28　电容式接近开关的检测端结构

较器和末级放大电路等组成，如图 2.2.29 所示。

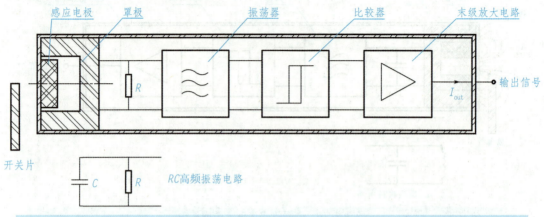

图 2.2.29　电容式接近开关的结构

当有物体靠近时，不论它是否是导体，由于它的接近，总要使电容的介电常数发生变化，从而使电容量发生变化，使得 RC 高频振荡电路开始振荡，通过比较器和末级放大电路输出开关信号。这种接近开关检测的对象，不限于金属导体，可以是绝缘的液体等。

电容式接近开关可以用于物料分拣、检测谷仓高度、检测物体的含水量等。图 2.2.30 所示为用电容式接近开关进行物位检测。当谷物高度达到电容式接近开关的底部时，电容式接近开关发出信号关闭输送管道阀门，停止输送谷物。

3）霍尔接近开关

霍尔接近开关采用的霍尔元件是一种磁敏元件。霍尔元件的外形如图 2.2.31 所示。

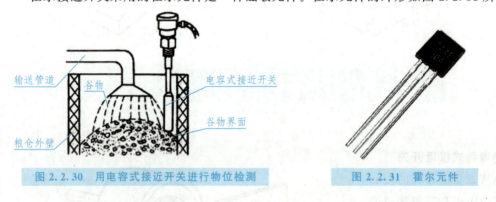

图 2.2.30　用电容式接近开关进行物位检测　　图 2.2.31　霍尔元件

利用霍尔元件制作的开关，叫作霍尔开关。当磁性物件接近霍尔开关时，开关检测面上的霍尔元件因产生霍尔效应而使开关内部电路状态发生变化，由此识别附近是否有磁性物体存在，进而控制开关的通或断。霍尔接近开关的检测对象必须是磁性物体。

霍尔开关通常应用于运动部件的位置检测，如图 2.2.32 所示。

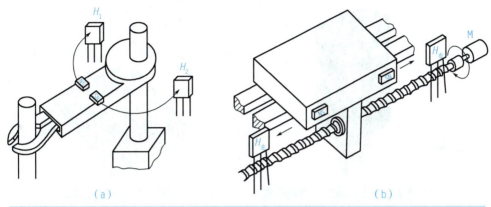

图 2.2.32 霍尔接近开关的应用
(a)运动部件的限位保护；(b)工作台的行程控制

4)光电开关

光电开关是用光敏传感器检测物体有无的开关。它通常由发射器与接收器构成，发射器通常采用发光二极管，接收器则采用光敏二极管、光敏三极管或光电池。

光电开关根据检测方式的不同可以分为透射型和反射型两大类，如图 2.2.33 所示。

图 2.2.33(a)所示为透射型，发射器和接收器相对安放，必须排列在同一条直线上(该过程叫作光轴调整)，当有物体从两者之间通过，发射器发出的红外光束被遮挡，接收器接收不到光线而发出一个负脉冲信号。透射型由于其稳定性好，因此可以进行长距离(几十米)的检测。

反射型光电开关采用发射器和接收器按一定方向装在同一个检测头内，可分为反射板反射型和被测物反射型两类，其外形如图 2.2.34 所示。

反射板反射型传感器单侧安装，需要调整发射板的角度以获取最佳的反射效果。反射板使用的是偏光三角棱镜，如图 2.2.35 所示。

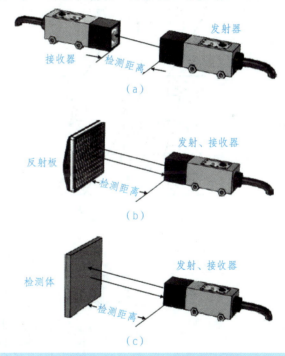

图 2.2.33 光电开关的类型
(a)透射型；(b)反射板反射型；(c)被测物反射型

图 2.2.34 反射型光电开关的外形

图 2.2.35 反射板

反射板能将光源发出的光转换成偏振光反射回去,接收器的光敏元件表面覆盖一层偏光透镜,只能接受反射镜反射回来的偏振光,不接收物体表面反射回来的各种非偏振光,它的检测距离一般可达几米。

光电开关适用于生产流水线上统计产量、检测产品的包装,精确定位,广泛应用于自动包装机、装配流水线等自动化机械装置中。图2.2.36所示为光电开关应用举例。

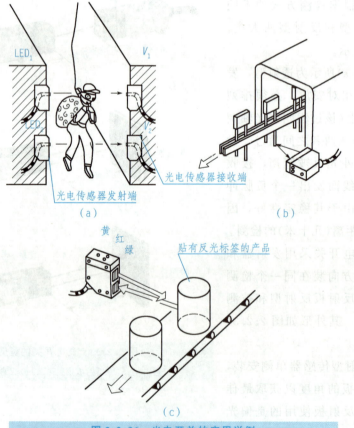

图 2.2.36 光电开关的应用举例
(a)防盗报警检测;(b)电子元件引脚检测;(c)标签检测

学习模块 3 机电一体化接口技术

2.3.1 接口的含义、功能与分类

机电一体化系统由许多要素或子系统构成,各要素或子系统之间必须能顺利地进行物质、能量和信息的传递与交换。因此,各要素或各子系统的相接处必须具备一定的连接条件,即接口。目前,接口技术已成为机电一体化领域的一个重要技术,特别是在先进的计算机控制系统中,接口功能的优劣将直接影响系统的性能。

1. 接口技术的含义

在机电一体化产品和系统中,"接口技术"是指系统中各个器件及计算机间的连接技术。对于微处理器来说,CPU 是整个系统的核心器件,CPU 与其他外围电路和部件相互连接的部分就是接口。接口是 CPU 与外界进行信息交换的中转站。接口又分为硬件部分和软件部分,所谓硬件接口是指两个部件实体之间的连线和逻辑电路;而软件接口则是指为了实现信息交换而设计的程序。外围电路是指除 CPU 之外的所有设备或电路,包括存储器、I/O 设备、控制设备、测量设备、通信设备、A/D 和 D/A 等。

计算机的外围电路和部件通过接口进行互联的根本目的是要实现信息交换。而这些外围电路和部件相互交接的部件内信息的类型、格式以及对它们处理的方法和速度都有很大的差异,因此各种外围电路和部件的接口技术也各不相同。目前各个接口器件的种类繁多、性能各异,所以掌握常用器件的接口技术就显得非常必要。

2. 接口的功能与分类

如图 2.3.1 所示,一方面,机电一体化系统通过输入/输出接口将其与人、自然及其他系统相连;另一方面,机电一体化系统通过许多接口将系统构成要素连为一体。因此,系统的性能在很大程度上取决于接口的性能。从某种意义上讲,机电一体化系统设计归根结底就是接口设计。

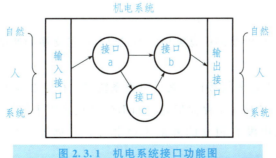

图 2.3.1 机电系统接口功能图

接口设计的总任务是解决功能模块间的信号匹配问题，根据划分出的功能模块，在分析研究各功能模块输入/输出关系的基础上，制定出各功能模块相互连接时所必须共同遵守的电气和机械的规范和参数约定，使其在具体实现时能够"直接"相连。因此，机电一体化产品可看成由许多接口将组成产品各要素的输入/输出联系为一体的系统。

1）接口的功能

接口有以下三种功能：

（1）变换。两个需要进行信息变换和传输的环节之间，由于信号的模式不同（数字量与模拟量、串行码与并行码、连续脉冲与序列脉冲等）无法直接实现信息或能量的交流，通过接口可完成信号或能量的统一。

（2）放大。在两个信号强度相差悬殊的环节之间，经接口的放大，达到能量的匹配。

（3）传递。变换和放大后的信号在环节间能可靠、快速、准确地交换，必须遵循协调一致的时序、信号格式和逻辑规范，接口具有保证信息传递的逻辑控制功能，使信息按规定的模式进行传递。

接口使组成系统的各要素连接成为一个整体。在控制和信息处理单元预期信息导引下，使各功能环节有目的协调一致地运动，实现系统的功能目标。

各外部电路和 CPU 的接口电路功能如图 2.3.2 所示：

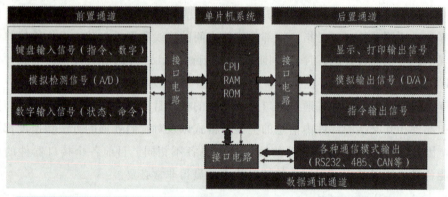

图 2.3.2 各外部电路和 CPU 的接口电路功能

接口电路的功能主要包括：寻址与设备选择功能、输入/输出功能、数据缓冲功能、数据与信号转换功能、联络功能、中断管理功能、复位功能、可编程功能、时序控制功能、错误检测功能。

2）接口的分类

根据接口的功能和所涉及的信息类型、格式以及信息交换的速度，具体的接口可以有以下几种分类：

（1）存储器接口与 I/O 外设接口。在计算机系统中，存储器与 I/O 外设是两类不同性质的功能电路。存储器的功能是存储信息；而 I/O 外设则用于信息的输入/输出。虽然在 MCS-51 系列单片机中没有独立的外部 I/O 指令，存储器与外部 I/O 的操作都采用

MOVX指令,存储器的特性与I/O外设却有着明显的不同。存储器的种类很多,各种类型的存储器也有很大的差异。

(2)串行接口与并行接口。微型计算机系统中的总线(数据总线、地址总线)都属于并行总线,即数据和地址的各位信息同时传送。除了串行通信接口以外,早期微型计算机的各种接口部件都是并行的。并行接口的特点是信息传送的速度快,缺点是硬件连线多。8位总线至少要有8+1(地线)根连线。串行接口是将信息逐位传送,因此传送速度较慢,其优点是可以只有两根连接线就能传送任意位的信息。随着串行通信技术的不断改进,串行通信的速度有了很大提高,可靠性也大为增强。因此,很多原来只采用并行通信接口的功能部件,都有了采用串行通信的产品,例如串行接口存储器、串行接口显示器、串行接口A/D和D/A等。

(3)模拟接口与数字接口。自然界中很多信息都是以模拟量的形式存在的,即在任何两个数值之间总可以找出其中间的数值,比如语音信号、温度和压力等,而计算机只能处理用有限数字形式表示的数字量,凡是涉及模拟量信息的接口部件都是模拟接口,这种接口有两类,即A/D和D/A接口。

(4)高速接口和低速接口。所谓高速接口和低速接口,通常是指相对CPU的读写速度而言的信息传送速度。如果接口传送信息的速度接近或超过CPU的读写速度,就称为高速接口;反之就称为中低速接口。高速接口需要采用特殊的技术。

2.3.2 数字量输入输出接口技术

计算机控制器用于生产过程的自动控制,需要处理一类最基本的输入输出信号,即数字量(开关量)信号,这些信号包括:开关闭合与断开、指示灯的亮与灭、继电器或接触器的吸合与释放、电动机的启动与停止、阀门的打开与关闭等,这些信号的共同特点是以二进制的逻辑"1"和"0"出现的。在计算机控制系统中,对应的二进制数字的每一位都可以代表生产过程的一个状态,这些状态作为控制的依据。

1. 数字量输入接口

对生产过程进行控制,往往要收集生产过程的状态信息,根据状态信息,再给出控制量。工业现场可以将开关量信号转换成计算机控制系统高低电平标准。

假设采用74LS74芯片实现,这个芯片是双D触发器,如图2.3.3所示。

要求采集一个开关信号,这个开关信号接通时电阻为零,断开时为高阻。对于电路设计时首先画出它的原理框图。画出原理框图可以简化设计并且可以将要设计的内容考虑得更加全面,设计人员更容易沟通,对于框图并不是开始就非常完善,通过画框图过程可以将设计思路梳理得比较清楚,最后得到正确的框图。图2.3.4所示为输入电路原理框图。

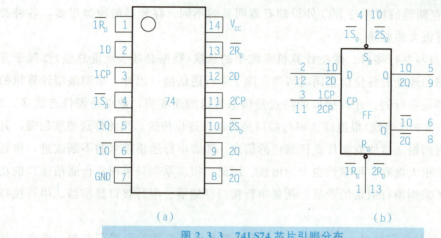

图 2.3.3　74LS74 芯片引脚分布
(a)引脚排列；(b)逻辑图

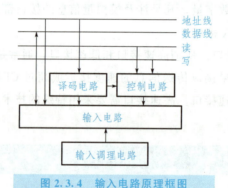

图 2.3.4　输入电路原理框图

输入电路设计包括输入调理电路、输入电路、译码电路和控制电路 4 个部分，输入电路包括地址线和片选信号，输入电路有多少单元则需要多少根地址线，1 个单元只需要 1 个片选信号，2 个单元需要 1 根地址线和 1 个片选信号，256 个单元需要 8 根地址线和 1 个片选信号，根据二进制可以得出需要地址线的根数。输入电路并不一定符合计算机总线的读规范，即当片选信号有效和读信号有效，并且是同时有效时，将开关量的信号输出到总线上，否则总线上的状态为高阻状态。为了符合这个规范就要设计控制电路，控制电路设计方法就是根据输入电路的逻辑和总线的读时序规范设计的电路，在设计过程中读规范是不变的，而外围电路是千变万化的，所以设计从简单的开始。

输入调理电路是将外部输入的信号转换成输入电路能够识别的电路。一般而言，总线上电平要求符合 TTL 和 CMOS 电平。

TTL 电平：输出高电平>2.4 V，输出低电平<0.4 V。在室温下，一般输出高电平是 3.5 V，输出低电平是 0.2 V。最小输入高电平和低电平：输入高电平≥2.0 V，输入低电平≥0.8 V，噪声低电平容限是 0.4 V。

CMOS 电平标准：输出高电平>0.9V_{cc}，输出低电平<0.1V_{cc}。最小输入高电平和低电平：输入高电平>0.7V_{cc}，输入低电平<0.3V_{cc}。

CMOS 电路不使用的输入端不能悬空,否则会造成逻辑混乱。TTL 电路不使用的输入端悬空为高电平。另外,CMOS 集成电路电源电压可以在较大范围内变化,因而对电源的要求不像 TTL 集成电路那样严格,用 TTL 电平连接它们就可以兼容。因为 TTL 电路电源电压是 5 V,CMOS 电路电源电压可以是 12 V,也可以是 5 V。5 V 的电平不能触发 CMOS 电路,12 V 的电平会损坏 TTL 电路,因此电源电压不能互相兼容匹配。在电流驱动能力方面,TTL 一般提供 25 mA 的驱动能力,而 CMOS 一般在 10 mA 左右。对于电流输入,TTL 一般需要 2.5 mA 左右,CMOS 几乎不需要电流输入。当输入调理电路输出的低电平为 $0.3V_{cc}$ 和 0.8 V 的小值,高电平为大于 $0.7 V_{cc}$ 和 2.4 V 的大值,就符合 TTL 和 CMOS 标准。

当设计任何部分时,以上电平的各个方面都要深入了解,这样才能设计出能够使用的电路。目前,学生建立不起来整体框架,对于各个模块的深度又不够。希望通过这个例子建立一个思路或者方法,这样对复杂的问题解决就简单了。

首先设计输入调理电路(图 2.3.5)。提供一个按键,要将其转换成 TTL 或 CMOS 电平设计如下:

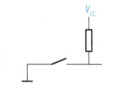

图 2.3.5 输入调理电路

当键未按下时,输出高电平,键按下时,输出低电平。

接下来设计输入电路,输入电路的设计和总线的读时序和芯片逻辑相关。设计的一般思路为理论、推导、结论,对于计算机接口电路的基本理论是总线规范和芯片逻辑。对于总线上提供的总线信号是地址线、数据线和读写控制线。双 D 触发器的接口是 D 端、Q 端、时钟端以及置 0、置 1 端。

对于输入调理电路输出端应连接到 D 端。数据线自然要接到 Q 端,置 0、置 1 端不用,根据 D 触发的逻辑接高电平。对于读时序是片选信号有效而且仅当读信号线有效时输出数据,这两个控制线是低电平有效,也就是两个同时为 0 时,输出应有效,其他时刻应该为高电平,学习数字电路,这样的电路为或逻辑。而双 D 触发器 CLK 要求的是一个上升沿信号,而通过或逻辑提供的是下降沿信号,所以应该加一个反向器(图 2.3.6)。

对于总线上读时序要求当不满足条件时应该为高阻状态,所以应该选择一个三态门,如图 2.3.7 所示。

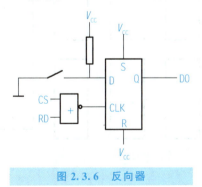

图 2.3.6 反向器

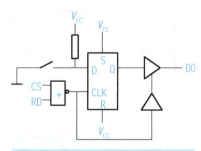

图 2.3.7 三态门

在此设计的时候我们要注意 OC 门、TTL 门、三态门的区别,如图 2.3.8 所示,在设计中不仅应有外部的了解,也应该深入地理解这些内容,它们对于设计都是至关重要的。

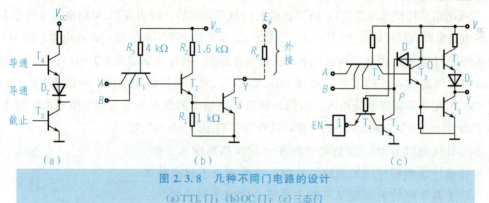

图 2.3.8　几种不同门电路的设计
(a)TTL 门；(b)OC 门；(c)三态门

2.3.3　A/D 转换接口

当计算机用于数据采集和过程控制时,采集对象往往是连续变化的物理量(如温度、压力、声波等),但计算机处理的是离散的数字量,因此需要对连续变化的物理量(模拟量)进行采样、保持,再把模拟量转换为数字量交给计算机处理、保存等。计算机的数字量有时需要转换为模拟量输出去控制某些执行元件,模/数转换器(ADC)与数/模转换器(DAC)用于连接计算机与模拟电路。为了将计算机与模拟电路连接起来,必须了解 ADC 和 DAC 的接口与控制。

1. 典型的计算机自动控制系统

一个包含 A/D 和 D/A 转换器的计算机闭环自动控制系统如图 2.3.9 所示。

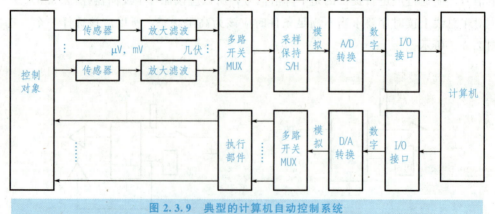

图 2.3.9　典型的计算机自动控制系统

在图 2.3.9 中,A/D 转换器和 D/A 转换器是模拟量输入和模拟量输出通路中的核心部件。在实际控制系统中,各种非电物理量需要由各种传感器把它们转换成模拟电流或电压信号后，才能加到 A/D 转换器转换成数字量。

一般来说，传感器的输出信号只有微伏或毫伏级，需要采用高输入阻抗的运算放大器将这些微弱的信号放大到一定的幅度，有时候还要进行信号滤波，去掉各种干扰和噪声，保留所需要的有用信号。输入 A/D 转换器的信号大小与 A/D 转换器的输入范围不一致时，还需进行信号预处理。

在计算机控制系统中，若测量的模拟信号有几路或几十路，考虑到控制系统的成本，可采用多路开关对被测信号进行切换，使各种信号共用一个 A/D 转换器。多路切换的方法有两种：一种是外加多路模拟开关，如多路输入一路输出的多路开关有 AD7501，AD7503，CD4097，CD4052 等；另一种是选用内部带多路转换开关的 A/D 转换器，如 ADC0809 等。

若模拟信号变化较快，为了保证模数转换的正确性，还需要使用采样保持器。

在输出通道，对那些需要用模拟信号驱动的执行机构，由计算机将经过运算决策后确定的控制量（数字量）输送到 D/A 转换器，转换成模拟量以驱动执行机构动作，完成控制过程。

2. 模/数转换器（ADC）的主要性能参数

1）分辨率

它表明 A/D 对模拟信号的分辨能力，由它确定能被 A/D 辨别的最小模拟量变化。一般来说，A/D 转换器的位数越多，则其分辨率越高。实际的 A/D 转换器通常为 8 位、10 位、12 位、16 位等。

2）量化误差

在 A/D 转换中由于整量化产生的固有误差，量化误差在 ±1/2LSB（最低有效位）之间。

例如：一个 8 位的 A/D 转换器，它把输入电压信号分成 $2^8=256$ 层，若它的量程为 0~5 V，那么，量化单位 q 为

$$q=\frac{电压量程范围}{2^n}=\frac{5.0\ \text{V}}{256}\approx 0.019\ 5\ \text{V}=19.5\ \text{mV}$$

q 正好是 A/D 输出的数字量中最低位 LSB=1 时所对应的电压值，因而，这个量化误差的绝对值是转换器的分辨率和满量程范围的函数。

3）转换时间

转换时间是 A/D 转换器完成一次转换所需要的时间。一般转换速度越快越好，常见的有高速（转换时间<1 μs）、中速（转换时间<1 ms）和低速（转换时间<1 s）等。

4）绝对精度

对于 A/D 转换器，绝对精度指的是对应于一个给定量，A/D 转换器的误差，其误差大小由实际模拟量输入值与理论值之差来度量。

5）相对精度

对于 A/D 转换器，相对精度指的是满度值校准以后，任一数字输出所对应的实际模

拟输入值(中间值)与理论值(中间值)之差。例如，对于一个 8 位 0～＋5 V 的 A/D 转换器，如果其相对误差为 1LSB，则其绝对误差为 19.5 mV，相对误差为 0.39%。

3. ADC0809 模/数转换器

A/D 转换器是用来通过一定的电路将模拟量转变为数字量。模拟量可以是电压、电流等电信号，也可以是压力、温度、湿度、位移、声音等非电信号。但在 A/D 转换前，输入到 A/D 转换器的输入信号必须经各种传感器把各种物理量转换成电压信号。A/D 转换后，输出的数字信号可以有 8 位、10 位、12 位和 16 位等。

1) 模/数转换器原理

A/D 转换器的工作原理实现 A/D 转换的方法很多，常用的有逐次逼近法、双积分法及电压频率转换法等。

逐次逼近法速度快、分辨率高、成本低，在计算机系统得到广泛应用。逐次逼近法原理电路类同于天平称重，在节拍时钟控制下，逐次比较，最后留下的数字砝码，即转换结果，如图 2.3.10 所示。

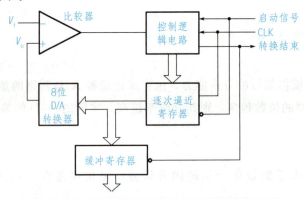

图 2.3.10　逐次逼近法 A/D 转换器

采用逐次逼近法的 A/D 转换器是由比较器、D/A 转换器、缓冲寄存器及控制逻辑电路组成的。它的基本原理是从高位到低位逐位试探比较，好像用天平称物体，从重到轻逐级增减砝码进行试探。

逐次逼近法转换过程是：初始化时将逐次逼近寄存器各位清零；转换开始时，先将逐次逼近寄存器最高位置 1，送入 D/A 转换器，经 D/A 转换后生成的模拟量送入比较器，称为 V_o，与送入比较器的待转换的模拟量 V_i 进行比较，若 $V_o<V_i$，该位 1 被保留，否则被清除。然后再置逐次逼近寄存器次高位为 1，将寄存器中新的数字量送入 D/A 转换器，输出的 V_o 再与 V_i 比较，若 $V_o<V_i$，该位 1 被保留，否则被清除。重复此过程，直至逼近寄存器最低位。转换结束后，将逐次逼近寄存器中的数字量送入缓冲寄存器，得到数字量的输出。逐次逼近的操作过程是在一个控制电路的控制下进行的。

2) ADC0809 的内部结构与引脚图

ADC0809 是一种普遍使用且成本较低的、由松下半导体公司生产的 CMOS 材料 A/D

转换器。它具有8个模拟量输入通道,可在程序控制下对任意通道进行 A/D 转换,得到 8 位二进制数字量。

其主要技术指标如下:

(1)电源电压:5 V。

(2)分辨率:8位。

(3)时钟频率:640 kHz。

(4)转换时间:100 μs。

(5)未经调整误差:1/2 LSB 和 1 LSB。

(6)模拟量输入电压范围:0~5 V。

(7)功耗:15 mW。

图 2.3.11 所示为 ADC0809 转换器的内部结构。

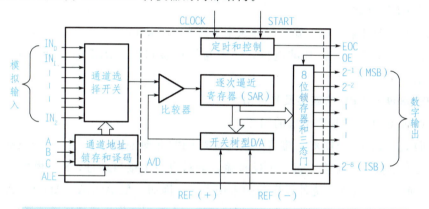

图 2.3.11 ADC0809 转换器的内部结构

ADC0809 内部各单元的功能如下:

(1)通道选择开关。八选一模拟开关,实现分时采样8路模拟信号。

(2)通道地址锁存和译码。通过 ADDA、ADDB、ADDC 三个地址选择端及译码作用控制通道选择开关。

(3)逐次逼近 A/D 转换器。包括比较器、8 位开关树型 D/A 转换器、逐次逼近寄存器。转换的数据从逐次逼近寄存器传送到8位锁存器后经三态门输出。

(4)8位锁存器和三态门。当输入允许信号 OE 有效时,打开三态门,将锁存器中的数字量经数据总线送到 CPU。由于 ADC0809 具有三态输出,因而数据线可直接挂在 CPU 数据总线上。

图 2.3.12 所示为 ADC0809 转换器的引脚图,各引脚功能如下:

IN0~IN7:8 路模拟输入通道。

D0~D7:8 位数字量输出端。

START:启动转换命令输入端,由 1→0 时启动 A/D 转换,要求信号宽度>100 ns。

OE：输出使能端，高电平有效。

ADDA、ADDB、ADDC：地址输入线，用于选8路模拟输入中的一路进入A/D转换。其中，ADDA是LSB位，这三个引脚上所加电平的编码为000～111，分别对应IN0～IN7，例如，当ADDC＝0，ADDB＝1，ADDA＝1时，选中IN$_3$通道。

ALE：地址锁存允许信号。用于将ADDA～ADDC三条地址线送入地址锁存器中。

EOC：转换结束信号输出。转换完成时，EOC的正跳变可用于向CPU申请中断，其高电平也可供CPU查询。

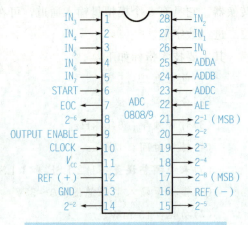

图2.3.12 ADC0809转换器引脚图

CLK：时钟脉冲输入端，要求时钟频率不高于640 kHz。

REF(＋)、REF(－)：基准电压，一般与微机接口时，REF(－)接0 V或－5 V，REF(＋)接＋5 V或0 V。

3) ADC0809与CPU的连接及其应用

ADC0809的接口设计需考虑的问题如下：

(1) DDA、ADDB、ADDC三端可直接连接到CPU地址总线A$_0$、A$_1$、A$_2$三端，但此种方法占用的I/O接口地址多。每一个模拟输入端对应一个接口地址，8个模拟输入端占用8个接口地址，对于微机系统外设资源的占用太多，因而一般ADDA、ADDB、ADDC分别接在数据总线的D$_0$、D$_1$、D$_2$端，通过数据线输出一个控制字作为模拟通道选择的控制信号。

(2) ALE信号为启动ADC0809选择开关的控制信号，该控制信号可以和启动转换信号START同时有效。

(3) ADC0809芯片只占用一个I/O接口地址，即启动转换用此接口地址，输出数据也用此接口地址，区别是启动转换还是输出数据用IOR、IOW信号来区分。ADC0809和PC系统总线的连接如图2.3.13所示。

A/D转换结束后，ADDC输出一个转换结束信号数据。CPU可有多种方法读取转换结果：①查询方式；②中断方式；③延时方式；④DMA方式；⑤时钟提供；⑥参考电压的接法；⑦无条件传送方式。

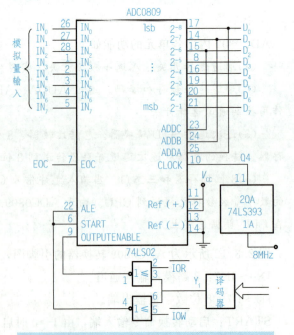

图2.3.13 ADC0809和PC系统总线的连接

A/D 转换器能把传感器接收到的模拟信号转换成微机能够处理的数字信号，转换过程与 D/A 转换器相反，但转换的时间较长，转换电路也比较复杂，如图 2.3.14 所示。

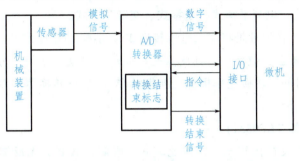

图 2.3.14 A/D 转换器连接

A/D 转换器中有一个标志位，标志位为"0"时，表示正在转换；标志位为"1"时，表示转换结束。

A/D 转换器种类很多，按输入电压分有 0～10 V、−5～+5 V、−10～+10 V、−50 V 等；按输出数字信号的位数分有 4、8、10、12、16 等；按电源电压分有 ±5 V、±15 V 和 +5 V 等；按变换方式分有积分型、反馈比较型、无反馈比较型等。

2.3.4 模拟量输入输出通道

1. 模拟量输入输出通道结构

A/D 转换器是将模拟量转换成数字量的接口，它是计算机控制系统核心，模拟系统和计算机之间的接口。典型的模拟量输入输出通道结构如图 2.3.15 所示。

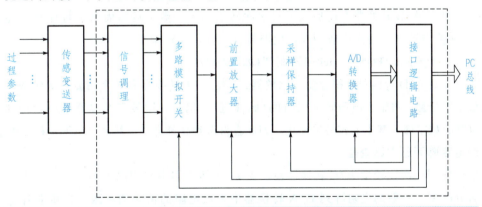

图 2.3.15 典型的模拟量输入输出通道结构

2. A/D 转换器的分类

A/D 转换器可分为积分型、逐次比较型、并行比较型/串并行比较型、Σ−Δ 调制型、电容阵列逐次比较型及压频变换型等。

1) 积分型(如 TLC7135)

(1) V-T 转换式：斜坡式、双斜积分式、三斜积分式、多斜积分式。

(2) V-F 转换式：电荷平衡式、复零式、交替积分式。

积分型 A/D 的工作原理是将输入电压转换成时间(脉冲宽度信号)或频率(脉冲频率)，然后由定时器/计数器获得数字值。其优点是用简单电路就能获得高分辨率，但缺点是转换精度依赖于积分时间，转换速率极低。初期的单片 A/D 转换器大多采用积分型，现在逐次比较型已成为主流。

2) 逐次比较型(如 TLC0831)

逐次比较型包括反馈比较式、计数比较式、眼隙比较式、无反馈比较式、串联比较式、串并联比较式等。

逐次比较型 A/D 转换器由一个比较器和 D/A 转换器通过逐次比较逻辑构成，从 MSB 开始，顺序地对每一位将输入电压与内置 D/A 转换器输出进行比较，经 n 次比较而输出数字值，其电路规模属于中等。其优点是速度较高、功耗低，在低分辨率(<12 位)时价格便宜，但高精度(>12 位)时价格很高。

3) 并行比较型/串并行比较型(如 TLC5510)

并行比较型 A/D 转换器采用多个比较器，仅做一次比较而实行转换，又称 Flash(快速)型。由于转换速率极高，n 位的转换需要 $2n-1$ 个比较器，因此电路规模也极大，价格也高，只适用于视频 A/D 转换器等速度特别高的领域。

串并行比较型 A/D 转换器在结构上介于并行型和逐次比较型之间，最典型的是由两个 $n/2$ 位的并行型 A/D 转换器配合 D/A 转换器组成，用两次比较实现转换，所以称为 Half Flash(半快速)型。还有分成三步或多步实现 A/D 转换的叫作分级(Multistep/Subrangling)型 A/D 转换器，而从转换时序角度又可称为流水线(Pipelined)型 A/D 转换器，现代的分级型 A/D 转换器中还加入了对多次转换结果做数字运算而修正特性等功能。这类 A/D 转换器速度比逐次比较型高，电路规模比并行比较型小。

4) $\sum-\Delta$(Sigma/FONT>delta)调制型(如 A/D7705)

$\sum-\Delta$ 型 A/D 转换器由积分器、比较器、1 位 D/A 转换器和数字滤波器等组成。原理上近似于积分型，将输入电压转换成时间(脉冲宽度)信号，用数字滤波器处理后得到数字值。电路的数字部分基本上容易单片化，因此容易做到高分辨率，其主要用于音频和测量。

5) 电容阵列逐次比较型

电容阵列逐次比较型 A/D 转换器在内置 D/A 转换器中采用电容矩阵方式，也可称为电荷再分配型。一般的电阻阵列 D/A 转换器中多数电阻的值必须一致，在单芯片上生成高精度的电阻并不容易。如果用电容阵列取代电阻阵列，可以用低廉成本制成高精度单片 A/D 转换器。最近的逐次比较型 A/D 转换器大多为电容阵列式的。

6) 压频变换型(如 A/D650)

压频变换型(Voltage-Frequency Converter) A/D 转换器是通过间接转换方式实现模数转换的。其原理是首先将输入的模拟信号转换成频率，然后用计数器将频率转换成数字量。从理论上讲这种 A/D 转换器的分辨率几乎可以无限增加，只要采样的时间能够满足输出频率分辨率要求的累积脉冲个数的宽度。其优点是分辨率高、功耗低、价格低，但是需要外部计数电路共同完成 A/D 转换。

3. 多路转换器

由于计算机的工作速度远远快于被测参数的变化，因此一台计算机系统可供几十个检测回路使用，但计算机在某一时刻只能接收一个回路的信号，所以，必须通过多路模拟开关实现多到一的操作，将多路输入信号依次地切换到后级。

目前，计算机控制系统使用的多路开关种类很多，并具有不同的功能和用途，如集成电路芯片 CD4051（双向、单端、8 路）、CD4052（单向、双端、4 路）、AD7506（单向、单端、16 路）等。所谓双向，就是该芯片既可以实现多到一的切换，也可以完成一到多的切换；而单向则只能完成多到一的切换。双端是指芯片内的一对开关同时动作，从而完成差动输入信号的切换，以满足抑制共模干扰的需要。

现以常用的 CD4051 为例，8 路模拟开关的真值表和引脚结构图分别如表 2.3.1 和图 2.3.16、图 2.3.17 所示。CD4051 由电平转换、译码驱动及开关电路三部分组成。当禁止端为"1"时，前后级通道断开，即 $S_0 \sim S_7$ 端与 OUT/IN 端不可接通；当为"0"时，则通道可以被接通，通过改变控制输入端 C、B、A 的数值，就可接通 8 个通道 $S_0 \sim S_7$ 中的一路。比如：当 C、B、A=000 时，通道 S_0 接通；当 C、B、A=001 时，通道 S_1 接通；……当 C、B、A=111 时，通道 S_7 接通。

表 2.3.1　CD4051 真值表

输入状态				通道号
INH	C	B	A	CD4051
0	0	0	0	0#
0	0	0	1	1#
0	0	1	0	2#
0	0	1	1	3#
0	1	0	0	4#
0	1	0	1	5#
0	1	1	0	6#
0	1	1	1	7#

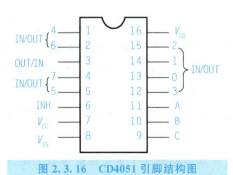

图 2.3.16　CD4051 引脚结构图

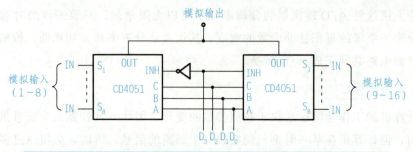

图 2.3.17 用 CD4051 多路开关组成的 16 路模拟开关接线图

2.3.5 D/A 转换接口

微机控制机械装置时,微机输出的是"0"和"1"的数字信号,而执行元件只能接受电压或电流的模拟信号,因此需要采用如图 2.3.18 所示的 D/A 转换电路。

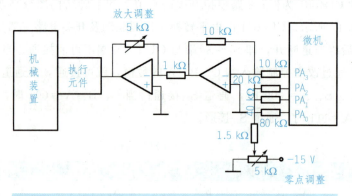

图 2.3.18 D/A 转换电路

D/A 转换器输入的数字信号,可以是 8、10、12、16 等位数,输出的电压有:0~10 V、−5~+5 V、0~5 V、−1~+1 V 等。电源多采用 ±15 V 两种电源,但也有用 +5 V、±5 V 电源的。

总之,可根据不同的用途,选用不同的 D/A 转换器。

1. 数/模转换器(DAC)

1) 参数

(1) 分辨率。分辨率表明 DAC 对模拟量的分辨能力,它是最低有效位(LSB)所对应的模拟量,它确定了能由 D/A 转换器产生的最小模拟量的变化。通常用二进制数的位数表示 DAC 的分辨率,如分辨率为 8 位的 D/A 转换器能给出满量程电压的 1/28 的分辨能力,显然 DAC 的位数越多,则分辨率越高。

(2) 线性误差。D/A 转换器的实际转换值偏离理想转换特性的最大偏差与满量程之间的百分比称为线性误差。

(3) 建立时间。这是 D/A 转换器的一个重要性能参数,定义为:在数字输入端发生满量程的变化以后，D/A 转换器的模拟输出稳定到最终值±1/2LSB 时所需要的时间。

(4) 温度灵敏度。它是指数字输入不变的情况下，模拟输出信号随温度的变化。一般 D/A 转换器的温度灵敏度为±50 ppm/℃，ppm 为百万分之一。

(5) 输出电平。不同型号的 D/A 转换器的输出电平相差较大，一般为 5～10 V，有的高压输出型的输出电平高达 24～30 V。

2) 原理

D/A 转换器是指将数字量转换成模拟量的电路。输出的模拟量有电流和电压两种。

D/A 转换器的输入量是数字量 D，输出量为模拟量 V_o，要求输出量与输入量成正比，即 $V_o = D \times V_R$，其中 V_R 为基准电压。

数字量是由一位一位的数字构成，每个数位都代表一定的权。例如 10000001，最高位的权是 2^7，所以此位上的代码 1 表示数值 1×128。因此，数字量 D 可以用每位的权乘以其代码值。

四个权电阻网络 D/A 转换器如图 2.3.19 所示。电阻阻值按 $2n$ 分配，接入与否由数字量控制，运放输入电流：

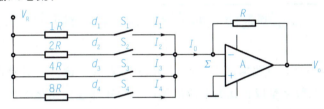

图 2.3.19　四个权电阻网络 D/A 转换器

$$I_O = d_1 I_1 + d_2 I_2 + d_3 I_3 + d_4 I_4 = d_1 \frac{V_R}{1R} + d_2 \frac{V_R}{2R} + d_3 \frac{V_R}{4R} + d_4 \frac{V_R}{8R}$$

$$= \frac{2V_R}{R}(d_1 2^{-1} + d_2 2^{-2} + d_3 2^{-3} + d_4 2^{-4})$$

运放输出电压：$V_O = -I_O \times R_F$。设 $R_F = R/2$，$d_1 d_2 d_3 d_4 = 1\,000$，$V_R = 5$ V，则

$$V_O = -\frac{2V_R}{R}\left(1 \times \frac{1}{2} + 0 \times \frac{1}{4} + 0 \times \frac{1}{8} + 0 \times \frac{1}{16}\right) \times \frac{R}{2} = -\frac{1}{2}V_R = -2.5(\text{V})$$

2. DAC0832 数/模转换器

1) DAC0832 的内部结构与引脚图

DAC0832 是一种相当普遍且成本较低的数/模转换器。该器件是一个 8 位转换器，它将一个 8 位的二进制数转换成模拟电压，可产生 256 种不同的电压值，DAC0832 具有以下主要特性：

(1) 满足 TTL 电平规范的逻辑输入。

(2) 分辨率为 8 位。

(3) 建立时间为 1 μs。

(4) 功耗 20 mW。

(5) 电流输出型 D/A 转换器。

图 2.3.20 所示为 DAC0832 的内部结构和引脚。DAC0832 具有双缓冲功能，输入数据可分别经过两个锁存器保存。第一个是保持寄存器，而第二个锁存器与 D/A 转换器相连。DAC0832 中的锁存器的门控端 G 输入为逻辑 1 时，数据进入锁存器；而当 G 输入为逻辑 0 时，数据被锁存。

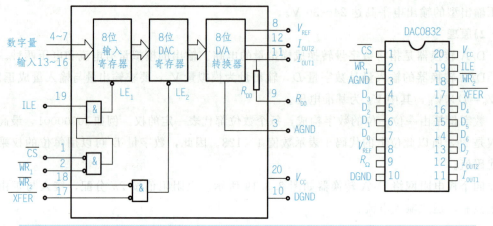

图 2.3.20　DAC0832 的内部结构和引脚

DAC0832 具有一组 8 位数据线 $D_0 \sim D_7$，用于输入数字量。一对模拟输出端 I_{OUT1} 和 I_{OUT2} 用于输出与输入数字量成正比的电流信号，一般外部连接由运算放大器组成的电流/电压转换电路。转换器的基准电压输入端 V_{REF} 一般为 $-10 \sim +10$ V。各引脚的功能如下：

$D_0 \sim D_7$：8 位数据输入端。

$\overline{CS}$：片选信号输入端。

$\overline{WR_1}$、$\overline{WR_2}$ 两个写入命令输入端，低电平有效。

$\overline{XFER}$：传送控制信号，低电平有效。

I_{OUT1} 和 I_{OUT2}：互补的电流输出端。

R_{FB}：反馈电阻，被制作在芯片内，与外接的运算放大器配合构成电流/电压转换电路。

V_{REF}：转换器的基准电压。

V_{CC}：工作电源输入端。

AGND：模拟地，模拟电路接地点。

DGND：数字地，数字电路接地点。

2）DAC0832 的工作模式

DAC0832 可在三种不同的工作模式下工作：

(1) 直通方式。当 ILE 接高电平，$\overline{CS}$、$\overline{WR_1}$、$\overline{WR_2}$ 和 $\overline{XFER}$ 都接数字地时，DAC 处于直通方式，8 位数字量一旦到达 $D_0 \sim D_7$ 输入端，就立即加到 D/A 转换器，被转换成模拟量。在 D/A 实际连接中，要注意区分"模拟地"和"数字地"的连接，为了避免信号串扰，数字量部分只能连接到数字地，而模拟量部分只能连接到模拟地。这种方式可用于不采用微机的控制系统中。

(2)单缓冲方式。单缓冲方式是将一个锁存器处于缓冲方式,另一个锁存器处于直通方式,输入数据经过一级缓冲送入 D/A 转换器。如把 $\overline{WR_2}$ 和 $\overline{XFER}$ 都接地,使寄存锁存器 2 处于直通状态,ILE 接 +5 V,$\overline{WR_1}$ 接 CPU 系统总线的 $\overline{IOW}$ 信号,$\overline{CS}$ 接端口地址译码信号。这样 CPU 可执行一条 OUT 指令,使 $\overline{CS}$ 和 $\overline{WR_1}$ 有效,写入数据并立即启动 D/A 转换。

(3)双缓冲方式。即数据通过两个寄存器锁存后再送入 D/A 转换电路,执行两次写操作才能完成一次 D/A 转换。这种方式可在 D/A 转换的同时,进行下一个数据的输入,以提高转换速度。更为重要的是,这种方式特别适用于系统中含有 2 片及以上的 DAC0832,且要求同时输出多个模拟量的场合。

3)DAC0832 与 CPU 的连接及其应用

由于 DAC0832 内部含有数据锁存器,在与 CPU 相连时,使其可直接挂在数据总线上。DAC0832 采用单缓冲方式与 CPU 的连接电路如图 2.3.21 所示。

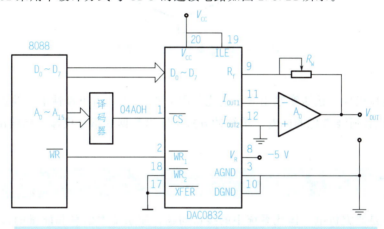

图 2.3.21　DAC0832 采用单缓冲方式与 CPU 的连接电路

下面举例说明如何编写 D/A 转换程序。

[例 2.3.1]采用单缓冲方式,通过 DAC0832 输出产生三角波,三角波最高电压 5 V,最低电压 0 V。

(1)电路设计所要考虑的问题。

①从 CPU 送来的数据能否被保存。DAC0832 内部有二级锁存寄存器,从 CPU 送来的数据能被保存,不用外加锁存器,可直接与 CPU 数据总线相连。

②二级输入寄存器如何工作。

按题意采用单缓冲方式,即经一级输入寄存器锁存。假设采用第一级锁存,第二级直通,那么第二级的控制端 $\overline{WR_2}$ 和 $\overline{XFER}$ 应处于有效电平状态,使第二级锁存寄存器一直处于打开状态。第一级寄存器具有锁存功能的条件是 ILE、$\overline{CS}$、$\overline{WR_1}$ 都要满足有效电平。为减少控制线条数,可使 ILE 一直处于高电平状态,控制 $\overline{WR_1}$ 和 $\overline{CS}$ 端。三角波电压输出流程如图 2.3.22 所示。

学 习 单 元 2　了解机电产品的主要制造技术

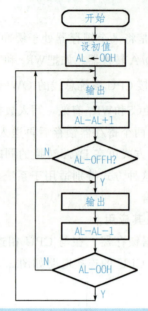

图 2.3.22　三角波电压输出流程

③输出电压极性。按题意输出波形变化范围为 0～5 V，需单极性电压输出。

(2) 软件设计所要考虑的问题。单缓冲方式下输出数据的指令仅需一条输出指令即可。

2.3.6　接口技术在机电产品中的应用实例

接口技术是研究机电一体化系统中的接口问题，使系统中信息和能量的传递和转换更加顺畅，使系统各部分有机地结合在一起，形成完整的系统。接口技术是在机电一体化技术的基础上发展起来的，随着机电一体化技术的发展而变得越来越重要，同时接口技术的研究也必然促进机电一体化的发展。从某种意义上讲，机电一体化系统的设计，就是根据功能要求选择了各部分后所进行的接口设计。接口的好与坏直接影响机电一体化系统的控制性能，以及系统运行的稳定性和可靠性，因此接口技术是机电一体化系统的关键环节。下面我们针对接口技术在机电产品中的常规应用元件或模块进行简单介绍。

1. 交流开关量变送器

交流开关量变送器是一种能将被测交流电压转换成按特定要求输出直流电压或继电器接点的仪器。三组合开关量变送器则由三个彼此独立且相互隔离的单个开关量变送器电路组合而成。

单交流开关量变送器：YWE－K1；

三交流开关量变送器：YWE－K3。

1) 输入方式

(1) 电压输入(AC 0～600 V、45～55 Hz)。

①当输入电压大于或等于某一临界值时(如 100 V),输出高电平(5 V)或继电器接点输出(闭)。

②当输入电压小于[比如,比某一临界值(100 V)小 10 V 时]或等于 90 V,输出低电平(0 V)或继电器接点输出(开)。

(2)电流输入(0~15 A,45~55 Hz)。

①当输入电流大于或等于临界值(如 250 mA)时,输出高电平(5 V)或继电器接点输出(闭)。

②当输入电流小于或等于临界值(如 230 mA)时,输出低电平(0 V)或继电器接点输出(开)。

继电器接点容量:DC 30 V、1 A。

说明:电压输入和电流输入临界点可按用户要求设定(如 150 V、200 V 或 0 mA、1 A 等)。

(3)辅助电源:DC 5 V、12 V、24 V。

(4)工频耐压:输入/输出,输入/电源间:AC 2 kV/min,漏电流 1 mA。

(5)绝缘强度:≥20 MΩ。

(6)工作环境:温度,-10 ℃~50 ℃;湿度,10%~90%(无凝露)。

(7)外形尺寸:YWE-K1,42 mm×75 mm×70 mm。

YWE-K3,110 mm×75 mm×70 mm。

2)使用条件

(1)输入与输出必须成一一对应关系。

(2)使用环境应无导电尘埃、无腐蚀金属和破坏绝缘的气体存在,海拔高度应小于 2 500 m。

接口产品应用实例见表 2.3.2。

表 2.3.2 接口产品应用实例

产品图片	产品名称/型号	产品图片	产品名称/型号
	液压系统压力开关		差压式压力开关
	进口差压开关		小型专业差压开关

续表

产品图片	产品名称/型号	产品图片	产品名称/型号
	小型差压变送器		热式流量传感器
	液位差变送器		水流量开关

(3) 输入都存在抖动问题。在开和关时不可能是一个固定的量，所以应该去抖动。

① 滤波消抖。滤波消抖电路如图 2.3.23 所示。

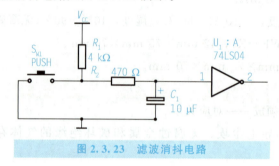

图 2.3.23 滤波消抖电路

② 双稳态消抖。双稳态消抖电路如图 2.3.24 所示。

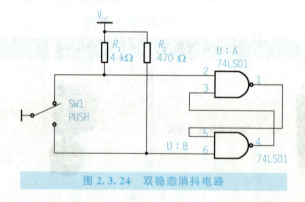

图 2.3.24 双稳态消抖电路

③ 软件消抖。

2. 大功率输入调理电路

在大功率电路中，不仅有抖动，也有电磁干扰、火花等，电平逻辑也不一样这时需要电气隔离。光电隔离电路如图 2.3.25 所示。

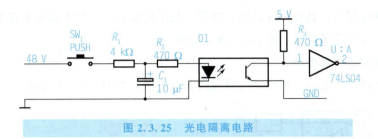

图 2.3.25 光电隔离电路

使用 74LS04 直接翻转(0.8 V、2.0 V),使用一个施密特触发器有 0.4 V 滞后。翻转器电路如图 2.3.26 所示。

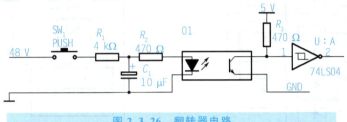

图 2.3.26 翻转器电路

3. 电平转换电路

在现场环境中,压力、温度等报警电压逻辑是不一定的,这时就要使用比较器。接负端,大于报警;接正端,小于报警。电平转换电路如图 2.3.27 所示。

4. 输出驱动电路

1) 小功率驱动电路

驱动继电器如图 2.3.28 所示。

(1) 功率晶体管输出驱动电路如图 2.3.29 所示。

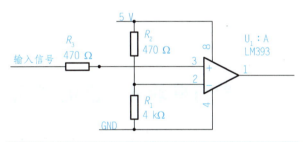

图 2.3.27 电平转换电路

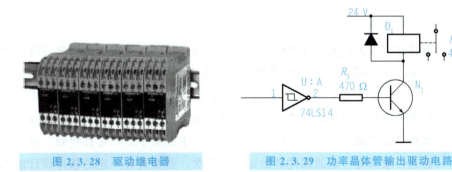

图 2.3.28 驱动继电器   图 2.3.29 功率晶体管输出驱动电路

(2) 达林顿阵列输出驱动电路如图 2.3.30 所示。

有很多继电器时,达林顿阵列用三极管,板子比较大。将以上部分全部集成进去。

其特性:每个管子电流 500 mA,含二极管保护。

2)大功率交流驱动电路

大功率交流驱动电路采用的继电器为固态继电器,如图 2.3.31 所示。

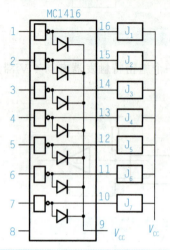

图 2.3.30 达林顿阵列输出驱动电路

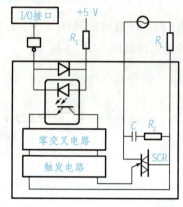

图 2.3.31 大功率交流驱动电路

学习模块 4 机电产品的常用控制技术

2.4.1 单片机控制技术

1. 单片机概述

随着材料科学、工艺技术、计算机技术的发展与进步,电路系统向着集成度极高的方向发展。CPU 的生产制造技术也朝着综合性、技术性、实用性发展,如 CPU 的运算位数从 4 位、8 位……发展到 32 位,运算速度从 8 MHz、32 MHz……发展到 1.6 GHz,其中单片机在控制系统中的应用越来越普遍。单片机控制系统是以单片机(CPU)为核心部件,扩展一些外部接口和设备,组成单片机工业控制机,主要用于工业过程控制。进行单片机系统设计,首先必须具有一定的硬件基础知识;其次,需要具有一定的软件设计能力,能够根据系统的要求,灵活地设计出所需要的程序;再次,需要具有综合运用知识的能力;最后,还必须掌握生产过程的工艺性能及被测参数的测量方法,以及被控对象的动、静态特性,有时甚至要求给出被控对象的数学模型。

单片机系统设计主要包括以下几个方面的内容：控制系统总体方案设计，包括系统的要求、控制方案的选择以及工艺参数的测量范围等；选择各参数检测元件及变送器；建立数学模型及确定控制算法；选择单片机，并决定是自行设计还是购买成套设备；系统硬件设计，包括接口电路、逻辑电路及操作面板；系统软件设计，包括管理、监控程序以及应用程序的设计，系统的调试与试验。

2. 单片机控制系统总体方案的设计

确定单片机控制系统总体方案，是进行系统设计最重要、最关键的一步。总体方案的好坏，直接影响整个控制系统的性能及实施细则。总体方案的设计主要根据被控对象的任务及工艺要求而确定。设计方法大致如下：根据系统的要求，首先确定系统是采用开环系统还是闭环系统，或者是数据处理系统。选择检测元件，在确定总体方案时，必须首先选择好被测参数的测量元件，它是影响控制系统精度的重要因素之一。选择执行机构，执行机构是微型机控制系统的重要组成部件之一。执行机构的选择一方面要与控制算法匹配，另一方面要根据被控对象的实际情况确定。选择输入/输出通道及外围设备，选择时应考虑以下几个问题：被控对象参数的数量；各输入/输出通道是串行操作还是并行操作；各通道数据的传递速率；各通道数据的字长及选择位数；对显示、打印有何要求；画出整个系统原理图。

3. 单片机控制系统中控制算法

1）直接数字控制

当被控对象的数学模型能够确定时，可采用直接数字控制。所谓数学模型就是系统动态特性的数学表达式，它表示系统输入输出及其内部状态之间的关系。一般多用实验的方法测出系统的特性曲线，然后由此曲线确定出其数学模型。现在经常采用的方法是计算机仿真及计算机辅助设计，由计算机确定系统的数学模型，因而加快了系统模型的建立。当系统模型建立后，即可选定上述某一种算法，设计数字控制器并求出差分方程。计算机的主要任务就是按此差分方程计算并输出控制量，进而实现控制。

2）数字化 PID 控制

由于被控对象是复杂的，因此并非所有的系统均可求出数学模型，有些即使可以求出来，但由于被控对象环境的影响，许多参数经常变化，因此很难直接进行数字控制。此时最好选用数字化 PID（比例积分微分）控制。在 PID 控制算法中，以位置型和增量型两种 PID 为基础，根据系统的要求，可对 PID 控制进行必要的改进。通过各种组合，可以得到更圆满的控制系统，以满足各种不同控制系统的要求。例如串级 PID 就是人们经常采用的控制方法之一。所谓串级控制就是第一级数字 PID 的输出不直接用来控制执行机构，而是作为下一级数字 PID 的输入值，并与第二级的给定值进行比较，其偏差作为第二级数字 PID 的控制量。当然，也可以用多级 PID 嵌套。

4. 单片机系统硬件设计

尽管单片机集成度高，内部含有 I/O 控制线、ROM、RAM 和定时/计数器，但在组成单片机系统时,扩展若干接口仍是设计者必不可少的任务。扩展接口有两种方案:一种是购置现成的接口板;另一种是根据系统实际需要,选用适合的芯片进行设计控制系统。就后一种而言,主要包括以下几个方面的内容。

一个独立的单片机核心系统,一般由时钟电路、地址锁存器电路、地址译码器、存储器扩展、模拟量输入通道的扩展、模拟量输出通道的扩展、开关量的 I/O 接口设计、键盘输入和显示电路等组成。

1)存储器扩展

由于单片机有四种不同的存储器,且程序存储器和数据存储器是分别编址的,所以单片机的存储器容量与同样位数的微型机相比扩大了一倍多。扩展时,首先要注意单片机的种类;其次要把程序存储器和数据存储器分开。

2)模拟量输入通道的扩展

模拟量输入通道的扩展主要有以下两个问题:一个是数据采集通道的结构形式,一般单片机控制系统都是多通道系统,因此选用何种结构形式采集数据,是进行模拟量输入通道设计首先要考虑的问题。多数系统都采用共享 A/D 和 S/H 形式。但是当被测参数为几个相关量时,则需选用多路 S/H,共享 A/D 形式。对于那些参数比较多的分布式控制系统,可把模拟量先就地进行 A/D 转换,然后再送到主机中处理。对于那些被测参数相同(或相似)的多路数据采集系统,为减少投资,可采用模拟量多路转换,共享仪用放大器、S/H 和 A/D 的所谓地电平多路切换形式。另外一个问题是 A/D 转换器的选择,设计时一定要根据被控对象的实际要求选择 A/D 转换器,在满足系统要求的前提下,尽量选用位数比较低的 A/D 转换器。

3)模拟量输出通道的扩展

模拟量输出通道是单片机控制系统与执行机构(或控制设备)连接的纽带和桥梁。设计时要根据被控对象的通道数及执行机构类型进行选择。对于可直接接受数字量的执行机构,可由单片机直接输出数字量,如步进电动机或开关、继电器系统等。对于那些需要接收模拟量的执行机构,则需要用 D/A 转换器转化,即把数字量变成模拟量后,再带动执行机构。

4)开关量的 I/O 接口设计

由于开关量只有两种状态"1"或"0",所以,每个开关量只需一位二进制数表示即可。因为 MCS-51 系列单片机设有一个专用的布尔处理机,因而对于开关量的处理尤为方便。为了提高系统的抗干扰能力,通常采用光电隔离器把单片机与外部设备隔开。

5)操作面板

操作面板是人机对话的纽带,它根据具体情况可大可小。为了便于现场操作人员操作,单片机控制系统操作面板的要求有操作方便、安全可靠,并具有自保功能,即使误操作也不会给生产带来恶果。

6)系统速度匹配

在不影响系统总功率的前提下,时钟频率选得低一些较好,这样可降低系统对其他元器件工作速度的要求，从而降低成本和提高系统的可靠性。但系统频率选得比较高时，要设法使其他元器件与主机匹配。

7）系统负载匹配

系统中各个器件之间的负载匹配问题，主要表现在以下两个方面。

（1）逻辑电路间的接口及负载：在进行系统设计时，有时需要采用 TTL 和 CMOS 混合电路，由于两者要求的电平不一样，因此一定要注意电流及负载的匹配问题。

（2）MCS-51 系列单片机及负载：8051 的外部扩展功能是很强的，但是 8051 的 P_0 口和 P_2 口以及控制信号 ALE 的负载能力都是有限的，P_0 口能驱动 8 个 LSTTL 电路，P_2 口能驱动 4 个 LSTTL 电路。硬件设计时应仔细核对 8051 的负载，使其不超过总的负载能力的 70%。

5. 单片机控制系统的软件设计

单片机控制系统的软件设计一般分两类：系统软件和应用软件设计。系统软件的主要任务是：管理整个控制系统的全过程，比如，POWERUP 自诊断功能、KEYINPIT 的管理功能、PRINTER OUTPUT 报表功能、DISPLAY 功能等。系统软件是控制系统的核心程序，也称为 MONITER 监控管理程序，其作用类似 PC 的 DOS 系统。软件设计的几个方面如下：

（1）可行性设计为保证系统软件的可靠性，通常设计一个自诊断程序，定时对系统进行诊断。在可靠性要求较高的场合，可以设计看门狗电路，也可设计软件陷阱，防止程序错误。

（2）软件设计与硬件设计的统一性在单片机系统设计中，通常一个同样的功能，通过硬件和软件都可以实现，确定哪些由硬件完成，哪些由软件完成，这就是软件、硬件的折中问题。一般来说，在系统可能的情况下，尽量采用软件，因为这样可以节省经费。若系统要求实时性比较强，则可采用硬件。

（3）应用软件的特点。

①实时性：由于工业过程控制系统是实时控制系统，所以对应用软件的执行速度都有一定的要求，即能够在被控对象允许的时间间隔内对系统进行控制、计算和处理。换言之，要求整个应用软件必须在一个采样周期内处理完毕，所以一般都采用汇编语言编写应用软件。但是，对于那些计算工作量比较大的系统，也可以采用高级语言和汇编语言混合使用的办法，即数据采集、判断及控制输出程序用汇编语言，而对于那些较为复杂的计算可采用高级语言。为了提高系统的实时性，对于那些需要随机间断处理的任务，通常采用中断系统来完成。

②通用性：在应用程序设计中，为了节省内存和具有较强的适应能力，通常要求程序有一定的灵活性和通用性。为此，可以采用模块结构，尽量将共用的程序编写成子程序，如算术和逻辑运算程序，A/D、D/A 转换程序，延时程序，PID 运算程序，数字滤波程序，报警程序等。

（4）软件开发步骤。软件开发步骤大体包括：划分功能模块及安排程序结构；画出各程序模块详细流程图；选择合适的语言编写程序；将各个模块连接成一个完整的程序。

6. 单片机控制系统的调试

1) 硬件调试

根据设计的原理电路做好实验样机，进入硬件调试阶段。调试工作的主要任务是排除样机故障，其中包括设计错误和工艺性故障。

(1) 脱机检查：用万能表或逻辑测试笔逐步按照逻辑图检查机中各器件的电源及各引脚的连接是否正确，检查数据总线、地址总线和控制总线是否有短路等故障。有时为保护芯片，先对各管座的电位（或电源）进行检查，确定其无误后再插入芯片检查。

(2) 仿真调试：暂时排除目标板的 CPU 和 EPROM，将样机接上仿真机的 40 芯仿真插头进行调试，调试各部分接口电路是否满足设计要求。这部分工作是一种经验性很强的工作，一般来说，设计制作的样机不可能一次性完好，总需要调试。通常的方法是，首先编写调试软件，逐一检查调试硬件电路系统设计的准确性。其次是调试 MONITOR 程序，只有 MONITOER 程序正常工作才可以进行下面的应用软件调试。

2) 软件调试

软件调试根据开发的设备情况不同有以下方法。

(1) 交互汇编：用 IBM PC/XT 机对 MCS-51 系列单片机程序进行交互汇编时，可借助 IBM PC/XT 机的行编辑和屏幕编辑功能，将源程序按规定的格式输入 PC，生成 MCS-51 HEX 目标代码和 LIST 文件。

(2) 用汇编语言：现在有些单片 STD 工业控制机或者开发系统，可直接使用汇编语言，借助 CRT 进行汇编语言调试。

(3) 手工汇编：这是最原始，但又最简捷的调试方法，且不必增加调试设备。这种方法的实质就是对照 MCS-51 指令编码表，将源程序指令逐条地译成机器码，然后输入到 RAM 重新进行调试。在进行手工汇编时，要特别注意转移指令、调用指令、查表指令。必须准确无误地计算出操作码、转移地址和相对偏移量，以免出错。

以上三种方法调试完成以后，即可通过 EPROM 写入器，将目标代码写入 EPROM，并将其插至机器的相应插座上，系统便可投入运行。

3) 硬件、软件仿真调试

经过硬件、软件单独调试后，即可进入硬件、软件联合仿真调试阶段，找出硬件、软件之间不相匹配的地方，反复修改和调试。实验室调试工作完成以后，即可组装成机器，移至现场进行运行和进一步调试，并根据运行及调试中的问题反复进行修改。

2.4.2 可编程控制器（PLC）控制技术

1. PLC 概述

1) PLC 的定义

可编程控制器是一种数字运算操作的电子系统，专为在工业环境应用而设计。它采用一类可编程的存储器,用于其内部存储程序,执行逻辑运算、顺序控制、定时、计数与算术操作等面向用户的指令,并通过数字或模拟式输入/输出控制各种类型的机械或生产过程。可编程控制器及其有关外部设备,都按易于与工业控制系统连成一个整体,易于扩充其功能的原则设计。

2) PLC 的三大流派

(1)自美国 DEC 公司 1969 年生产世界第一台 PLC 至今,美国已具有 100 多家生产厂家,可生产 200 多种 PLC 产品。

(2)日本日立公司 1971 年生产亚洲第一台 PLC 至今,亚洲已具有 60～70 家生产厂家,可生产 200 余种 PLC 产品。

(3)德国西门子公司于 1973 年生产欧洲第一台 PLC 至今,欧洲现已具有几十家生产厂家,可生产几十种 PLC 产品。

随着 PLC 的发展,想学通一种 PLC,就能一通百通,显然是不可能的,在学习时应注意学习上述三大 PLC 流派的代表产品,以后遇到其他产品容易举一反三、触类旁通。

3) PLC 控制系统的硬件组成

PLC 控制系统的硬件主要由 CPU 模块、输入模块、输出模块、编程器和电源单元组成,如图 2.4.1 所示。有的 PLC 还可以配备特殊功能模块,用来完成某些特殊的任务。

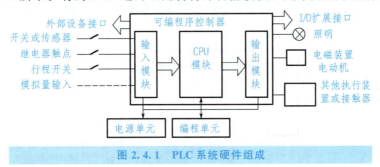

图 2.4.1 PLC 系统硬件组成

(1)CPU 模块。

CPU 模块主要由微处理器(CPU 芯片)和存储器组成。CPU 的主要作用是诊断 PLC 电源、内部电路的工作状态及编制程序中的语法错误,采集现场的状态或数据,送入 PLC 的寄存器中,逐条读取指令,完成各种运算和操作。将处理运算结果送到输出端响应外部各种设备的工作请求。

存储器由 ROM(只读存储器)和随机存储器 RAM(可读可写存储器)组成。ROM 用以存放系统管理程序、监控程序及系统内部数据,用户不能更改。RAM 主要存放用户程序,为防止断电后 RAM 内容丢失,一般用专门锂电池供电。

(2)I/O 模块。

输入(Input)模块和输出(Output)模块简称 I/O 模块,它们是系统的眼、耳、手、脚,是联系外部现场设备和 CPU 模块的桥梁,如图 2.4.2～图 2.4.6 所示。

93

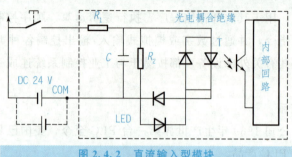

图 2.4.2　直流输入型模块

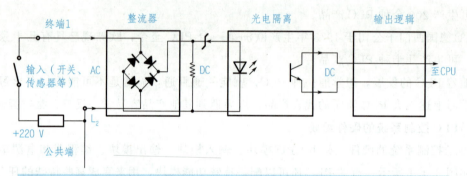

图 2.4.3　PLC 输入模块

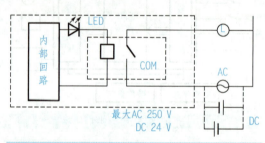

图 2.4.4　继电器输出型 PLC 输出接口电路

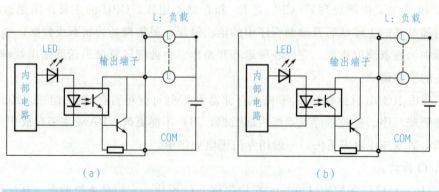

图 2.4.5　晶体管输出型 PLC 输出接口电路
(a)NPN 型；(b)PNP 型

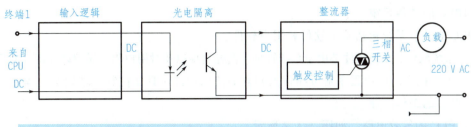

图 2.4.6　晶闸管输出型 PLC 输出接口电路

(3) 电源单元。

PLC 配有开关电源,以供内部电路使用。与普通电源相比,PLC 电源的稳定性好、抗干扰能力强。对电网提供的电源稳定度要求不高,一般允许电源电压在其额定值±15%的范围内波动。许多 PLC 还向外提供直流 24 V 稳压电源,用于对外部传感器供电。

(4) I/O 扩展接口。

可编程控制器利用 I/O 扩展接口使 I/O 扩展单元与 PLC 的基本单元实现连接,当基本 I/O 单元的输入或输出点数不够使用时,可以用 I/O 扩展单元来扩充开关量 I/O 点数和增加模拟量的 I/O 端子。

(5) 编程单元。

编程单元的作用是编辑、调试、输入用户程序,也可在线监控 PLC 内部状态和参数,与 PLC 进行人机对话。它是开发、应用、维护 PLC 不可缺少的工具。编程装置可以是专用编程器,也可以是配有专用编程软件包的通用计算机系统。专用编程器是由 PLC 厂家生产,专供该厂家生产的某些 PLC 产品使用,它主要由键盘、显示器和外存储器接插口等部件组成。专用编程器有简易编程器和智能编程器两类。

简易型编程器只能联机编程,而且不能直接输入和编辑梯形图程序,需将梯形图程序转化为指令表程序才能输入。简易编程器体积小、价格便宜,它可以直接插在 PLC 的编程插座上,或者用专用电缆与 PLC 相连,以方便编程和调试。有些简易编程器带有存储盒,可用来储存用户程序,如三菱的 FX-20P-E 简易编程器。

智能编程器又称图形编程器,本质上它是一台专用便携式计算机,如三菱的 GP-80FX-E 智能型编程器,它既可联机编程,又可脱机编程。智能编程器可直接输入和编辑梯形图程序,使用更加直观、方便,但价格较高,操作也比较复杂。大多数智能编程器带有磁盘驱动器,提供录音机接口和打印机接口。

专用编程器只能对指定厂家的几种 PLC 进行编程,使用范围有限,价格较高。同时,由于 PLC 产品不断更新换代,所以专用编程器的生命周期也十分有限。因此,现在的趋势是使用以个人计算机为基础的编程装置,用户只要购买 PLC 厂家提供的编程软件和相应的硬件接口装置。这样,用户只用较少的投资即可得到高性能的 PLC 程序开发系统。

基于个人计算机的程序开发系统功能强大,它既可以编制、修改 PLC 的梯形图程序,又可以监视系统运行、打印文件、系统仿真等,配上相应的软件还可实现数据采集和分析等许多功能。

4) PLC 的软件系统

PLC 的软件系统包括系统软件和用户软件。

(1) 系统软件。系统软件是用于系统管理、监控自检以及对用户程序做编译处理等的程序。

(2) 用户程序。用户程序是可编程控制器的使用者针对具体控制要求编制的程序。

5) PLC 的工作原理

(1) PLC 的等效电路,如图 2.4.7 所示。

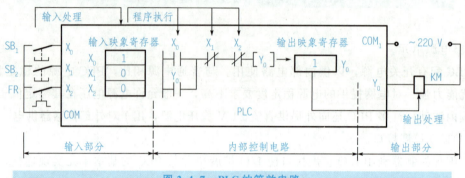

图 2.4.7　PLC 的等效电路

(2) PLC 基本工作原理。整个工作过程可分为五个阶段：自诊断、与编程器等通信、读入现场信号、执行用户程序、输出结果,其工作过程如图 2.4.8 所示。

图 2.4.8　PLC 工作过程

(3) 用户程序循环如图 2.4.9 所示。

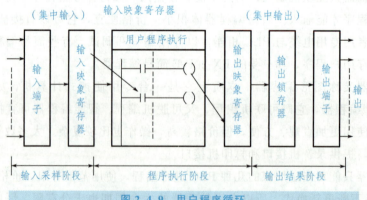

图 2.4.9　用户程序循环

6) PLC 的分类

(1) 按结构形式分类。根据 PLC 的组成,按结构形状 PLC 可分为整体式和机架模块式两种。

整体式又叫单元式或箱体式,整体式 PLC 把 CPU 模块、I/O 模块和电源装在一个箱状机壳内,结构非常紧凑。它是体积小、价格低,小型 PLC 常采用这种结构,适用于工业生产中的单机控制。图 2.4.10 所示为松下公司的整体式 PLC。

整体式 PLC 一般配备有许多专用的特殊功能单元,如模拟量 I/O 单元、位置控制单元和通信单元等,使 PLC 的功能得到扩展。

模块式 PLC 是将 PLC 各部分分成若干个单独的模块,如 CPU 模块、I/O 模块、电源模块和各种功能模块。模块式 PLC 由框架和各种模块组成。使用时可将这些模块分别插入机架地板的插座上,配置灵活、方便,便于扩展。可根据生产实际的控制要求配置各种不同的模块,构成不同的控制系统,一般大、中型 PLC 采用这种结构。模块插在机架上,PLC 厂家备有不同槽数的机架供用户选用,如果一个机架容纳不下所选用的模块,可以增设一个或数个扩展机架,各机架之间用 I/O 扩展电源相连,有的 PLC 需要通过接口模块来连接各机架。有的模块式 PLC 没有机架,各模块安装在铝质导轨上,相邻的模块之间用 U 形总线连接器连接,如图 2.4.11 所示。

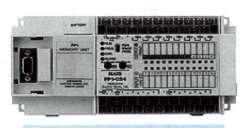
图 2.4.10　松下公司的整体式 PLC

图 2.4.11　模块式 PLC

(2)按 I/O 点数和程序容量分类。按 PLC 的 I/O 点数和程序容量分类,大体可分为大、中、小三个等级。小型 PLC 的 I/O 点数一般在 128 点以下,用户程序存储容量在 2K 字节(1K=1 024,存储一个"0"或"1"的二进制码称为一"位",一个字为 16 位)以下,具有逻辑运算、定时、计数等功能,它适合开关量的场合,可用它实现条件控制及定时、计数控制、顺序控制等。

7)PLC 的应用领域

目前,PLC 在国内外已广泛应用于钢铁、石油、化工、电力、建材、机械制造、汽车、轻纺、交通运输、环保及文化娱乐等各个行业,使用情况大致可归纳为如下几类:

(1)开关量的逻辑控制。这是 PLC 最基本、最广泛的应用领域,它取代了传统的继电器,实现了逻辑控制、顺序控制,既可用于单台设备的控制,也可用于多机群控及自动化流水线。如注塑机、印刷机、订书机械、组合机床、磨床、包装生产线、电镀流水线等。

(2)模拟量控制。在工业生产过程当中,有许多连续变化的量,如温度、压力、流量、液位和速度等都是模拟量。为了使可编程控制器处理模拟量,必须实现模拟量和数字量之间的 A/D 转换及 D/A 转换。PLC 厂家都生产配套的 A/D 和 D/A 转换模块,使可编程控制器用于模拟量控制。

(3)运动控制。PLC可以用于圆周运动或直线运动的控制。从控制机构配置来说,早期直接用于开关量I/O模块连接位置传感器和执行机构,现在一般使用专用的运动控制模块。如可驱动步进电动机或伺服电动机的单轴或多轴位置控制模块。世界上各主要PLC厂家的产品几乎都有运动控制功能,广泛用于各种机械、机床、机器人、电梯等场合。

(4)过程控制。过程控制是指对温度、压力、流量等模拟量的闭环控制。作为工业控制计算机,PLC能编制各种各样的控制算法程序,完成闭环控制。PID调节是一般闭环控制系统中用得较多的调节方法。大中型PLC都有PID模块,目前许多小型PLC也具有此功能模块。PID处理一般是运行专用的PID子程序。过程控制在冶金、化工、热处理、锅炉控制等场合有非常广泛的应用。

(5)数据处理。现代PLC具有数学运算(含矩阵运算、函数运算、逻辑运算)、数据传送、数据转换、排序、查表、位操作等功能,可以完成数据的采集、分析及处理。这些数据可以与存储在存储器中的参考值比较,完成一定的控制操作,也可以利用通信功能传送到别的智能装置或将它们打印制表。数据处理一般用于大型控制系统,如无人控制的柔性制造系统;也可用于过程控制系统,如造纸、冶金、食品工业中的一些大型控制系统。

(6)通信及联网。PLC通信含PLC间的通信及PLC与其他智能设备间的通信。随着计算机控制的发展,工厂自动化网络发展得很快,各PLC厂商都十分重视PLC的通信功能,纷纷推出各自的网络系统。新近生产的PLC都具有通信接口,通信非常方便。

8)PLC未来展望

在21世纪,PLC会有更大的发展。从技术上看,计算机技术的新成果会更多地应用于可编程控制器的设计和制造上,会有运算速度更快、存储容量更大、智能更强的品种出现;从产品规模上看,产品会进一步向超小型及超大型方向发展;从产品的配套性上看,产品的品种会更丰富、规格更齐全、完美的人机界面、完备的通信设备会更好地适应各种工业控制场合的需求;从市场上看,各国各自生产多品种产品的情况会随着国际竞争的加剧而打破,会出现少数几个品牌垄断国际市场的局面,也会出现国际通用的编程语言;从网络的发展情况来看,可编程控制器和其他工业控制计算机组网构成大型的控制系统是可编程控制器技术的发展方向。目前的计算机集散控制系统(Distributed Control System,DCS)中已有大量的可编程控制器应用。伴随着计算机网络的发展,可编程控制器作为自动化控制网络和国际通用网络的重要组成部分,将在工业及工业以外的众多领域发挥越来越大的作用。

2.4.3 工控机简介

1. 工控机的概念

工控机(Industrial Personal Computer,IPC)即工业控制计算机,是一种采用总线结构,对生产过程及机电设备、工艺装备进行检测与控制的工具总称。工控机具有重要的计算机属性和特征,如具有计算机CPU、硬盘、内存、外设及接口,并有操作系统、控制网络和协议、计算能力、友好的人机界面。工控行业的产品和技术非常特殊,属于中间产品,是为其他各行业提供可靠、嵌入式、智能化的工业计算机。

2. 工控机的应用领域

IPC 已被广泛应用于工业及人们生活的方方面面。例如,控制现场、路桥控制收费系统、医疗仪器、环境保护监测、通信保障、智能交通管控系统、楼宇监控安防、语音呼叫中心、排队机、POS 柜台收银机、数控机床、加油机、金融信息处理、石化数据采集处理、物探、野外便携作业、环保、军工、电力、铁路、高速公路、航天、地铁、智能楼宇、户外广告等。

3. 工控机的主要分类

工控机的主要类别有:工业 PC(PC 总线工业电脑)、PLC(可编程控制系统)、DCS(分散型控制系统)、FCS(现场总线系统)及 CNC(数控系统)五种。

1)工业 PC

IPC 即基于 PC 总线的工业电脑。据 2000 年统计,PC 已占到通用计算机的 95 % 以上,因其价格低、质量高、产量大、软/硬件资源丰富,已被广大的技术人员所熟悉和认可,这正是工业电脑热的基础。其主要的组成部分为工业机箱、无源底板及可插入其上的各种板卡组成,如 CPU 卡、I/O 卡等,并采取全钢机壳、机卡压条过滤网、双正压风扇等设计及 EMC(Electro Magnetic Compatibility)技术以解决工业现场的电磁干扰、振动、灰尘、高/低温等问题。图 2.4.12 所示为工控机(IPC)。

图 2.4.12 工控机(IPC)

> **工业 PC 有以下特点:**
>
> (1)可靠性。工业 PC 具有在粉尘、烟雾、高/低温、潮湿、振动、腐蚀等环境中快速诊断和可维护性,其 MTTR(Mean Time to Repair)一般为 5 min,MTTF 在 10 万小时以上,而普通 PC 的 MTTF 仅为 10 000~15 000 h。
>
> (2)实时性。工业 PC 对工业生产过程进行实时在线检测与控制,对工作状况的变化给予快速响应,及时进行采集和输出调节(这是普通 PC 所不具有的),遇险可自复位,保证系统的正常运行。
>
> (3)扩充性。工业 PC 由于采用底板+CPU 卡结构,因而具有很强的输入输出功能,最多可扩充 20 个板卡,能与工业现场的各种外设、板卡、控制器、视频监控系统、车辆检测仪等相连,以完成各种任务。
>
> (4)兼容性。能同时利用 ISA 与 PCI 及 PICMG 资源,并支持多种语言汇编、多任务操作系统。

2）可编程序控制器（PLC）

前面已详述，此处略。

3）分散型控制系统（DCS）

DCS 英文全称 Distributed Control System，中文全称为分布式控制系统。它是一种高性能、高质量、低成本、配置灵活的分散控制系统系列产品，可以构成各种独立的控制系统、分散控制系统 DCS、监控和数据采集系统（SCADA），能满足各种工业领域对过程控制和信息管理的需求。系统的模块化设计、合理的软硬件功能配置和易于扩展的能力，能广泛用于各种大、中、小型电站的分散型控制、发电厂自动化系统的改造以及钢铁、石化、造纸、水泥等工业生产过程控制。

4）现场总线系统（FCS）

FCS 的英文全称为 Fieldbus Control System，中文全称为现场总线控制系统，它是全数字串行、双向通信系统。系统内测量和控制设备如摄像头、激励器和控制器可相互连接、监测和控制。在工厂网络的分级中，它既作为过程控制（如 PLC、LC 等）和应用智能仪表（如变频器、阀门、条码阅读器等）的局部网，又具有在网络上分布控制应用的内嵌功能。由于其广阔的应用前景，众多国外有实力的厂家竞相投入力量，进行产品开发。现今，国际上已知的现场总线类型有四十余种，比较典型的现场总线有：FF、Profibus、LONworks、CAN、HART、CC-LINK 等。

5）数控系统（CNC）

CNC 英文全称 Computer Numerical Control，中文全称为计算机数字控制系统。它是采用微处理器或专用微机的数控系统，由事先存放在存储器里系统程序（软件）来实现控制逻辑，实现部分或全部数控功能，并通过接口与外围设备进行连接，称为计算机数控，简称 CNC 系统。数控机床是以数控系统为代表的新技术对传统机械制造产业的渗透形成的机电一体化产品；其技术范围覆盖很多领域：机械制造技术、信息处理、加工、传输技术、自动控制技术、伺服驱动技术、传感器技术、软件技术等。图 2.4.13 所示为工控机（CNC）。

图 2.4.13　工控机（CNC）

4. 工控机软件系统编辑

工控机软件系统主要包括系统软件、工控应用软件和应用软件开发环境等三大部分。其中系统软件是其他两者的基础核心，因而影响系统软件设计的开发质量。工控应用软件主要根据用户工业控制和管理的需求而生成，因此具有专用性。从工控软件系统发展历史和现状来看，工控软件系统应具五大主要特性：

(1)开放性。 ➡ 作为现代控制系统和工程设计系中一个至关重要的指标，开放性有助于各种系统的互连、兼容，它有利于设计、建立和应用为一体（集体）的工业思路形成与实现。为了使系统具有良好的开放性，必须选择开放式的体系结构、工业软件和软件环境，这已引起工控界人士的极大关注。

(2)实时性。 ➡ 工业生产过程的主要特性之一就是实时性，因此相应地要求工控软件系统具有较强的实时性。

(3)网络集成化。 ➡ 这是由工业过程控制和管理趋势。

(4)人机界面更加友好。 ➡ 这不仅是指像菜单驱动所带来的操作方便，还应包括设计和应用两个方面的人机界面。

(5)多任务和多线程性。 ➡ 现代许多控制软件所面临的工业对象不再是单任务线，而是较复杂的多任务系统，因此，如何有效地控制和管理这样的系统仍是目前工控软件主要的研究对象。为适应这种要求，工控软件特别是底层的工控系统软件必须具有此特性，如多任务实时操作系统的研究和应用等。

从工控软件基本组成上看它可大致划分为三层：实时操作系统层、控制管理层以及应用层。其中实时操作系统 OS 层是其他层的基础。

5. 工控机的主要结构

1) 全钢机箱

IPC 的全钢机箱是按标准设计的，抗冲击、抗振动、抗电磁干扰，内部可安装同 PC-bus 兼容的无源底板，如图 2.4.14 所示。

图 2.4.14 工控机机箱

(1) 工控机箱卧式尺寸。

①高度一般分 1U(44 mm×430 mm×××)、2U(88 mm×430 mm×××)、3U、4U(176 mm×430 mm ×××)、5U、6U、7U、8U 等，一个 1U 的高度是 44 mm，其他高度依次类推。

②长度：国际标准的长度有两种 450 mm 与 505 mm，根据客户的具体要求还可以扩分其他长度，比如：480 mm、500 mm、520 mm、530 mm、600 mm 等；其中 450～520 mm 的尺寸机箱占市场需求的 90% 以上；加长型机箱的作用主要是有以下三个：一个是安装双 CPU 至强 12″×13″ 的主板，必须要 520 mm 的长度才能安装这样的大板；另外一个是安装工业 CPU 长卡或者 300 mm 长的视频卡等需要足够的扩展空间；最后一个作用是出于散热空间的考虑，由于有些监控用户需要安装多路视频卡与多个硬盘，比如 64 路、128 路等，10 个硬盘就需要很好的散热效果。

(2) 壁挂式机箱。

由于某些设备制造商需要把控制中心（IPC）放置在其设备之中。因此对工控机的体积有较为严格的要求。传统的卧式 19 英寸机箱体积基本很难满足要求，因此针对此种客户需求，推出了壁挂式的机箱。例如某品牌的 IPC－6606/6608 壁挂机箱系列，这类机箱由于体积小，并且应用环境在某设备内部，因此设计理念也重在散热和扩展性能上。

(3) 内部结构。

①硬盘架、光驱架：硬盘架一般分两种，一种是分拆式；一种是压卡式。品质优异的机箱一般都带金属弹簧防振功能；安装硬盘数量一般为 4～15 个。

②底板：底板的规格有多种，主要以主板的规格来划分。普通的主板一般都可以安装；其中 520 mm 以下长度的机箱是安装不了 12 mm×13 mm 的双至强大板的主板的，必须要 520 mm 长度的机箱才能安装。

③压卡条：主要起固定作用。有安防监控要求的安装视频长卡或者是工业 CPU 长卡时，必须要固定长卡，以免使用过程中出现晃动、不牢固等现象。

④后槽的扩展：有 7 槽或 14 槽两种；14 槽的背板主要的用途是安装多路视频卡，比如有些大型的监控系统，则要 64 路或者 128 路时，必须要换成 14 槽的背板。

(4) 导热、抗振与电磁屏蔽。

①工控机箱的导热：散热结构的合理性是关系到计算机能否稳定工作的重要因素。

②工控机箱的抗振：工控机箱在工作的时候，由于机箱内部的光驱、硬盘、机箱里的多个风扇在高速运转的时候都会产生振动，而振动很容易导致光盘读错和硬盘磁道损坏以至丢失数据，所以机箱的抗振性也是机箱关键的一个结构设计方案。

工控机箱的电磁屏蔽。主机在工作的时候，主板、CPU、内存和各种板卡都会产生大量的电磁辐射，如果不加以防范也会对人体造成一定伤害。这个时候机箱就成为了屏蔽电磁辐射，保护健康的一道重要防线。屏蔽良好的机箱还可以有效地阻隔外部辐射干扰，保证计算机内部配件不受外部辐射影响。工控机箱为了增加散热效果，机箱上必要的部分都会开孔，包括箱体侧板孔、抽气扇进风孔和排气扇排风孔等，所以孔的形状必须符合能阻挡辐射的技术要求。机箱上的开孔要尽量小，而且要尽量采用阻隔辐射能力较强的圆孔。其次，要注意各种指示灯和开关接线的电磁屏蔽。比较长的连接线需要设计成绞线，线两端的裸露的焊接金属部分必须用胶套包裹，这样就避免了机箱内用电线路产生的电磁辐射。

2）无源底板

无源底板的插槽由总线扩展槽组成。总线扩展槽可依据用户的实际应用选用扩展 ISA 总线、PCI 总线和 PCI－E 总线、PCIMG 总线的多个插槽组成，扩展插槽的数量和位置根据需要有一定选择，但依据不同 PCIMG 总线规范版本各种总线在组合搭配上有要求，如 PCIMG1.3 版本总线不提供 ISA 总线支持，该板为四层结构，中间两层分别为地层和电源层，这种结构方式可以减弱板上逻辑信号的相互干扰和降低电源阻抗。底板可插接各种板卡，包括 CPU 卡、显示卡、控制卡、I/O 卡等。

3）工业电源

早期在以 Intel 奔腾处理器为主的工控机主要使用 AT 开关电源，与 PC 一样主要采用的是 ATX 电源，平均无故障运行时间达到 250 000 h。

4）CPU 卡

IPC 的 CPU 卡有多种，根据尺寸可分为长卡和半长卡，多采用的是桌面式系统处理器，主板用户可视自己的需要任意选配。其主要特点是：工作温度为 0 ℃～60 ℃；带有硬件"看门狗"计时器；部分要求低功耗的 CPU 卡采用的是嵌入式系列的 CPU。

5）其他配件

IPC 的其他配件基本上都与 PC 兼容，主要有 CPU、内存、显卡、硬盘、软驱、键盘、鼠标、光驱、显示器等。

6. 工控机的主要特点

工控机通俗地说就是专门为工业现场而设计的计算机，而工业现场一般具有强烈的振动，灰尘特别多，另有很高的电磁场力干扰等特点，且一般工厂均是连续作业，即一年中一般没有休息。因此，工控机与普通计算机相比必须具有以下特点：

> （1）机箱采用钢结构，有较高的防磁、防尘、防冲击的能力。
> （2）机箱内有专用底板，底板上有 PCI 和 ISA 插槽。
> （3）机箱内有专门电源，电源有较强的抗干扰能力。
> （4）要求具有连续长时间工作能力。
> （5）一般采用便于安装的标准机箱（4U 标准机箱较为常见）。
>
> 注：除了以上的特点外，其余基本相同。另外，由于以上的专业特点，同层次的工控机在价格上要比普通计算机偏贵，但一般不会相差太多。

尽管工控机与普通的商用计算机相比，具有得天独厚的优势，但其劣势也是非常明显的——数据处理能力差，具体如下：

(1)配置硬盘容量小。

(2)数据安全性低。

(3)存储选择性小。

(4)价格较高。

7. 工控机的日常维护

工控机是为了适应特殊、恶劣环境下工作的一种工业计算机,它的电源、机箱、主板都是为了能适应长时间不间断运行而设计的。为了更好地使用它,让它始终保持良好的工作性能,在日常使用中必须对它进行必要、合理的维护。

首先,要给工控机一个平稳的工作环境。如果机器对磁盘或硬盘进行读写操作时出现振动,驱动器会严重磨损或导致硬盘损坏。如果要靠墙放置,距离墙壁应有适当的间隙,以保证散热良好,否则会导致元器件加速老化。

1)机箱

机箱中包括工控电源、无源底板、风扇。

(1)工控电源:它是为长时间不间断开机服务的,所以它的性能较好,需注意的是尽量减少灰尘的进入,防止灰尘影响风扇的运行。防止瞬时断电,瞬时断电又突然来电往往会产生一个瞬间极高的电压,很可能"烧"坏计算机,电压的波动(过低或过高)也会对计算机造成损伤。因此,应尽量配备备用电源。另外,还应防静电、防雷击。

(2)无源底板:它是为各种板卡(包括CPU卡、显卡、声卡、网卡等)提供电源的。它的日常维护要注意三点:不能在底板带电的情况下插拔板卡;插拔板卡时不可用力过猛、过大;用酒精等清洗底板时,要注意防止工具划伤底板。插槽内不能积灰尘,否则会导致接触不良,甚至短路。插槽内的金属脚要对齐,无弯曲,否则影响板卡在系统中的运行,会因此出现开机不显示、板卡找不到、死机等现象。

(3)风扇:工控箱内风扇是专门为工控机设计的,它向机箱内吹风,降低机箱内温度。要注意的是:电源是否接到插头上,风扇外部的过滤网要定时清洗(每月一次),以防过多的灰尘进入机箱,禁止尖锐物品损坏风扇叶片。

2)主板

工控机主板是专为在高、低温特殊环境中,长时间运行而设计的。它在运用中所要注意的是:不能带电插拔(内存条、板卡后面的鼠标、键盘等),带电插拔会导致插孔损坏,严重的甚至会使主板损坏。主板上的跳线不能随便跳,要查看说明书或用户手册,否则会由于不同型号主板的电压设置不同而导致损坏。对主板的灰尘应定时清洁,不能用酒精或水,应用干刷子、吸尘器或皮老虎把灰尘吸完或吹掉。保持主板上内存插槽干净,无断脚、歪脚。主板下插入无源底板中的金手指要干净,在底板上要插紧、插到位。

3)硬盘、光驱、软驱

(1)硬盘:不要随意拆卸硬盘,避免振动、挤压,尽量不要在硬盘运行时关闭计算机电源,这样突然关机会导致硬盘磁道损坏,数据丢失。不要随意触动硬盘上的跳线装置。

搬运时一定要用抗静电塑料袋包装或用海绵等防振压材料固定好，经常检查病毒，以防侵蚀。在操作系统中有节能功能时要尽量合理使用，以延长硬盘使用寿命。

（2）光驱：在使用中不要随意打开光驱门，不能使用有损伤、盗版光碟，防止灰尘进入光驱内，光驱在使用过程中不要振动、歪曲、拍打。数据线要连接通畅，保证光驱读盘顺利。

（3）软驱：不能把坏盘、有毒盘放入软驱中，勿使用劣质和发霉的软盘，勿用尖锐的物品碰撞以防划伤磁头。当软驱正在对磁盘进行读写操作时（软驱指示灯亮），不要强行将磁盘取出，以防损伤磁头或使磁头偏移，导致无法正常读写。

4）各种板卡

板卡要注意防尘，插脚要完好，板卡竖直插入不能歪曲，并且板卡外插孔上的连接件不能带电拔插。

8. 工控机的发展前景

随着社会信息化的不断深入，关键性行业的关键任务将越来越多地依靠工控机，而以IPC为基础的低成本工业控制自动化正在成为主流，本土工控机厂商所受到的重视程度也越来越高。随着电力、冶金、石化、环保、交通、建筑等行业的迅速发展，从数字家庭用的机顶盒、数字电视，到银行柜员机、高速公路收费系统、加油站管理、制造业生产线控制、金融、政府、国防等行业的信息化需求不断增加，对工控机的需求很大，工控机市场的发展前景十分广阔。

1）DCS（集散控制系统）的发展趋势

虽然以现场总线为基础的FCS发展很快，并将最终取代传统的DCS，但FCS发展有很多工作要做，如统一标准、仪表智能化等。另外传统控制系统的维护和改造还需要DCS，因此FCS完全取代传统的DCS还需要一个较长的过程。

当前工控机仍以大系统、分散对象、连续生产过程（如冶金、石化、电力）为主，采用分布式系统结构的分散型控制系统仍在发展。由于开放结构和集成技术的发展，促使大型分散型控制系统销售增加。

（1）向综合方向发展：由于标准化数据通信线路和通信网络的发展，将各种单（多）回路调节器、PLC、工业PC、NC等工控设备构成大系统，以满足工厂自动化要求，并适应开放化的大趋势。

（2）向智能化方向发展：由于数据库系统、推理机能等的发展，尤其是知识库系统（KBS）和专家系统（ES）的应用，如自学习控制、远距离诊断和自寻优等，人工智能会在DCS各级实现。和FF现场总线类似，以微处理器为基础的智能设备，如智能I/O、智能PID控制、智能传感器、变送器、执行器、智能接口及可编程调节器相继出现。

（3）工业PC化：由于IPC组成DCS成为一大趋势，PC作为DCS的操作站或节点机已经很普遍。PC-PLC、PC-STD、PC-NC等就是PC-DCS先驱，IPC成为DCS的硬件平台。

（4）专业化：DCS为更适合各相应领域的应用，要进一步了解这个专业的工艺和应用要求，以逐步形成如核电 DCS、变电站 DCS、玻璃 DCS 及水泥 DCS 等。

2）数控装置的发展趋势

20 世纪 80 年代以来，为适应 FMC、FMS、CAM、CIMS 的发展需要，数控装置采用大规模、超大规模集成电路，提高了柔性、功能和效率。

（1）PC 化：由于大规模集成电路制造技术的高度发展，PC 硬件结构做得更小，CPU 的运行速度越来越高，存储容量很大。PC 大批量生产，成本大大降低，可靠性不断提高。PC 的开放性，Windows 的应用，更多的技术人员的应用和软件开发，使 PC 的软件极为丰富。PC 功能已经很强，CAD/CAM 的软件已大量由小型机、工作站向 PC 移植，三维图形显示工艺数据已经在 PC 上建立。因此，PC 已成为开发 CNC 系统的重要资源与途径。

（2）交流伺服化：交流伺服系统恒功率范围已做到 1：4，速度范围可达到 1：1 000，基本与直流伺服相当。交流伺服体积小、价格低、可靠性高，应用越来越广泛。

（3）高功能的数控系统向综合自动化方向发展：为适应 FMS、CIMS、无人工厂的要求，发展与机器人、自动化小车、自动诊断跟踪监视系统等的相互联合，发展控制与管理集成系统，已成为国际上数控系统的方向。

（4）方便使用：改善人机接口、简化编程、操作面板使用符号键，尽量采用对话方式等，以方便用户使用。

（5）柔性化和系统化：数控系统均采用模块结构，其功能覆盖面大，从三轴两联动的机床到多达 24 轴以上的柔性加工单元。

（6）高精度：提高加工精度，高分辨率旋转编码器必不可少。为在超精密加工领域能实现 0.001 μm 的精度，必须开发超高分辨率的编码器，0.000 1 μm 最小设定单位的 NC 装置。为在加工中即使负荷变动伺服系统的特性也保持不变，还需采用控制和鲁棒（Robust）控制。在伺服系统的控制中，用高速微处理器，采用基于现代控制论前馈控制、二自由度控制、学习控制等。其数字控制系统的跟踪误差不超过 2 μm。

（7）机械智能化：它在 NC 领域内是一种新技术，所谓机械智能化功能，是指机械自身可补偿温度、机械负荷等引起的机械变形的功能。这就需要检测主轴负荷、主轴及机座变形的传感器和处理传感器输出信号的电路。

（8）诊断维修智能化：故障的诊断与维修是 NC 的重要技术。基于 AI 专家系统的故障诊断已存在，现今主要是建立用于诊断故障的数据库。把 NC 装置通过各种网络与中央计算机相连接，使其具有远距离诊断的功能。进一步的发展是预维修系统，即在故障将要发生前把将要发生故障的部件更换下来的系统，它需要通过智能传感器、高速 PMC 及大型数据库来实现。

9. 工控机的国内市场

工控机自从 20 世纪 90 年代进入中国大陆市场以来，至今已有 20 多年。期间工控机市场的发展，并不能算是一帆风顺，开拓、尝试、接受、认可、批评、前进等不同声音始终不绝于耳。伴随着计算机技术和自动化技术日新月异的发展，中国经济社会整体自动化、信息化水平的进程也正在加快。而作为计算机技术和自动化技术相融合的一种产品，工控机自身已经取得长足的技术进步，在大陆市场的应用也呈现出了新的局面，具体表现在以下四个方面。

(1)从工控机产品的技术发展来讲，"嵌入式系统""无风扇结构""机箱散热""固态硬盘""箱式""平板式"等新技术、新产品的应用，适应了自动化产品"小型化""智能化""低功耗"的发展趋势，已经大大提高了工控机的系统稳定性，也降低了制造和应用成本。

(2)从工控机产品的形态来讲，工控机产品的定义范畴日益扩大，甚至与商用PC、商用工作站等其他计算机产品之间的概念区分逐渐模糊；工控机产品除了传统的4U机架式工控机之外，箱式、面板式、单板式、嵌入式、便携式、行业专用等其他工控机产品形式也得到了许多客户的接受认可和大量市场应用。

(3)从工控机产品的销售渠道模式来讲，一些供应商变更了原有的销售渠道及模式，调整了直销分销的销售策略侧重，也变革了原装整机、组装整机、板卡的出货配额。这些调整变革的背后，是各家供应商为适应市场发展的新形势、提高客户满意度、抢占市场份额的深层考虑和市场反应行为。

(4)从工控机下游应用行业来看，一些工控机传统的优势应用行业正在遭遇商用PC、商用工作站的挑战，大有没落甚至被取代的趋势；而一些新兴的应用市场却不断涌现，且呈现快速增长的趋势。

10. 工控机的外部影响原因分析

(1)空气中的可吸入颗粒物多：工厂内的原料大多需要变成粉料进行加工，加上外界空气流动大、沙尘多，工控机内容易集积大量糊状积尘，造成工控机内局部温度过高，导致硬件损坏。这种情况多发于CPU、电源、硬盘、显卡等散热风扇周围。在积尘较轻的地方，在正常生产允许的情况下，可以采用定时吹尘。在积尘较严重的地方，可以在工控机箱透风处安置滤尘纱布，需要做定期清理。

(2)供电电压波动大、易停电：工业的发展和生活水平的提高，对电量的需求量也日益增大，一些比较偏僻的地区容易出现供电不足、电压不稳的现象，造成工控系统经常重新启动，系统重要的日志文件容易丢失而导致无法正常启动。因此，工控机工作环境电源的稳定关系到工控机工作正常与否，需要采用稳压电源和UPS不间断电源进行保护，具体设备选型，要依负载功率大小、需保持工作时间的长短来定。

(3)环境湿度不适宜：工控机由许多电子元件的集成电路构成，其绝缘性能跟环境湿度有很大关系。湿度过大，很容易造成电路板短路而烧毁；湿度过小，容易产生静电，也会击穿部分电子元件。因此，湿度过大、过小，都会给工控机带来潜在的威胁。在静电防护问题上工控机上必须要有良好的仪表接地。

(4)地面振感大：许多工厂生产中需要电动机产生拖动、振动等物理性位移动作，不仅带来巨大的噪声，机器工作时带来的振动会给工控机磁盘、光驱、软驱带来巨大的损害。磁盘生产的工艺要求越来越高，在自动化控制系统中的大量数据交换中，长时间、高速度运转的磁盘，容易因磁盘振动，导致磁盘读写能力下降，磁头定位缓慢，甚至造成磁盘损坏；因此减少工控机环境振感，有利于保护磁盘。

2.4.4 典型工控机系统介绍

1. 西门子工控机介绍

西门子工业业务领域是工业生产、基础设施、运输、楼宇和照明技术领域内的全球领先供应商，在"服务客户零距离"这一原则指导下，公司致力于通过创新产品、集成化系统和一流的专门知识，助力工业生产提高生产率、效率和灵活性。

通过几十年来对工业计算机持续不断地改进，西门子在工业 PC 的可靠、创新、耐用方面不断确立世界标准，这些产品集中了各种特点：已申请专利的硬盘安装技术、英特尔处理器技术、Windows 操作系统、高级通信接口等。其工业计算机能满足业界最高工作性能标准。

2. 西门子工业计算机的主要型号

（1）西门子 Rack PC——采用 19″设计的强大工业 PC。西门子 Rack PC 系列包括采用 19″设计的灵活工业 PC，用于具有高性能要求的应用。西门子 Rack PC 拥有一台工业 PC 所拥有的全部特性：采用英特尔强大处理器的创新技术、高系统可用性、坚固耐用和可扩展性以及长期可靠性，上市以来总的服务和支持时间为 8~10 年。

开环和闭环控制、可视化、测量、数据采集和管理——每台西门子 Rack PC 可以为即使最苛刻的应用提供充分的系统性能，是各种行业大量应用的理想选择。大量接口使西门子 Rack PC 能够快速灵活地进行扩展。精心构想的创新工业设计以及整体诊断和信号功能，对西门子机架计算机实现高可用性起了很大作用，同时使维护工作变得异常轻松。

主要型号：SIMATIC IPC547C、SIMATIC IPC647C、SIMATIC IPC847C、SIMATIC Rack PC 647B。

（2）SIMATIC Box PC——小巧通用的工业 PC。坚固、可靠、小巧、通用并可根据性能要求进行扩展——这些就是强大的 SIMATIC Box PC 系列产品的主要特点。较小的占位空间、灵活的安装选项以及异常简单的维修，使其可以方便地安装在机器、控制机架和控制柜中。SIMATIC Box PC 适用于所有行业——从极小巧和免维护的 DIN 导轨安装 Microbox PC SIMATIC IPC427C 到 SIMATIC Box PC 827B，可以提供极大的扩展能力和良好的性能。它们可以用于测量、开环和闭环控制、过程和机器数据检查、工业图像处理，或与 SIMATIC Flat Panel 一起完成分布式可视化。

主要型号：SIMATIC IPC427C、SIMATIC IPC627C、SIMATIC IPC827C、SIMATIC Box PC 827B。

（3）SIMATIC 平板 PC。SIMATIC 平板 PC 适用于直接机器应用或者工厂可视化任务。平板 PC 装置集成了工业 PC 和操作装置，成就了坚固性、高性能和绚丽显示的完美结合。多样的 SIMATIC 平板 PC 选择可以满足多种制造和过程自动化需求。

从贴近机器的运行和监视,到控制、数据处理和传动控制任务,西门子凭借其 SI-MATIC 平板 PC 组合产品,为用户提供强大的工业 PC。它们是恶劣工业环境中的生产过程的理想选择,始终包含了简单的触摸屏或薄膜键盘操作功能。

主要型号:SIMATIC HMI IPC477C、SIMATIC HMI IPC577C、SIMATIC HMI IPC677C、SIMATIC Panel PC 677B、HMI Panel PC Ex。

学习模块 5　了解机电产品的典型执行装置

2.5.1　常见执行机构(装置)简介

1. 执行装置及其分类

执行装置就是"按照电信号的指令,将来自电、液压和气压等各种能源的能量转换成旋转运动、直线运动等方式的机械能的装置"。

按利用的能源的不同,执行装置大体上分为电动执行装置、液压执行装置和气动执行装置。

在电动执行装置中,有直流(DC)电动机、交流(AC)电动机、步进电动机和直接驱动(DD)电动机等实现旋转运动的电动机,以及实现直线运动的直线电动机。此外,还有实现直线运动的螺线管和可动线圈。由于电动执行装置的能源容易获得,使用方便,所以得到了广泛的应用。

液压执行装置有液压油缸、液压马达等,这些装置具有体积小、输出功率大等特点。

气动执行装置有气缸、气动马达等,这些装置具有质量小、价格低廉等特点。

2. 典型的电动执行装置示例

典型的电动执行装置如图 2.5.1 所示。

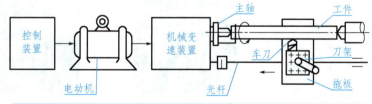

图 2.5.1　典型的电动执行装置

电力拖动部分：电动机以及与电动机有关联的传动机构。

电气自动控制部分：满足加工工艺要求，使电动机启动、制动、调速等电气控制和电气操纵部分。

机床电气自动控制：采用各种控制元件、自动装置，对机床进行自动操纵，自动调节转速，按给定程序和自动适应多种条件的随机变化而选择最优的加工方案以及工作循环自动化等。

2.5.2 三相交流异步电动机的控制与调速

现代各种生产机械都广泛使用电动机来驱动。由于现代电网普遍采用三相交流电，而三相异步电动机又比直流电动机有更好的性价比，因此它比直流电动机使用得更广泛。三相异步电动机的外形如图 2.5.2 所示。

图 2.5.2　三相异步电动机的外形

1. 三相异步电动机的特点和用途

（1）特点：具有结构简单、工作可靠、价格低廉、维护方便、效率较高、体积小、质量小等一系列优点，缺点是功率因数较低，启动和调速性能不如直流电动机。

（2）用途：广泛应用于对调速要求不高的场合，在中小企业中应用特别多，可用于普通机床、起重机、生产线、鼓风机、水泵以及各种农副产品的加工机械等，如图 2.5.3 所示。

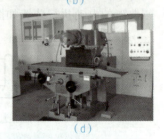

图 2.5.3　电动机的用途
(a)普通车床；(b)摇臂钻床；(c)生产线；(d)万能铣床

2. 三相异步电动机的基本结构

三相异步电动机主要由定子和转子构成，定子是静止不动的部分，转子是旋转部分，在定子与转子之间有一定的气隙。

1) 定子

定子由机座、铁芯、绕组三部分组成，如图 2.5.4 所示。

图 2.5.4 三相异步电动机的定子绕组基本结构
(a) 机座；(b) 铁芯；(c) 绕组

2) 转子

如图 2.5.5、图 2.5.6 所示，转子由转子铁芯、转子绕组（笼型和绕线式）、转轴、风扇等组成。转子绕组有鼠笼式和线绕式，鼠笼式转子绕组是在转子铁芯槽里插入铜条，再将全部铜条两端焊在两个铜端环上而成；线绕式转子绕组与定子绕组一样，由线圈组成绕组放入转子铁芯槽里。鼠笼式与线绕式两种电动机结构不一样，但工作原理是一样的。

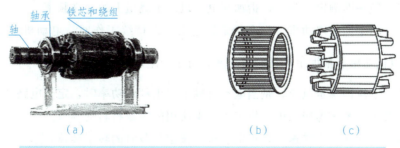

图 2.5.5 三相异步电动机的笼型转子和绕组
(a) 笼型转子；(b) 铜条转子绕组；(c) 铸铝转子绕组

图 2.5.6　三相异步电动机的绕线转子

3. 三相异步电动机的铭牌

三相异步电动机的铭牌如图 2.5.7 所示。

图 2.5.7　三相异步电动机的铭牌

(1) 型号。

(2) 电压。电压即额定电压,是指定子三相绕组规定应加的线电压值,一般为 380 V。

(3) 频率。频率即额定频率,是指加在电动机定子绕组上的允许频率。

(4) 功率。功率即额定功率,指在额定转速下长期持续工作时,电动机不过热,轴上所能输出的机械功率。根据电动机额定功率,可求出电动机的额定转矩为 $T_N = 9\,550\,\dfrac{P_N}{n_N}$。

(5) 电流。电流即额定电流,是当电动机轴上输出额定功率时,定子电路中的线电流。

(6) 绝缘等级。绝缘等级指电动机定子绕组所用的绝缘材料的等级。

(7) 转速。转速即额定转速,是指电动机在额定负载时的转子转速。

电动机内部接线图如图 2.5.8 所示。

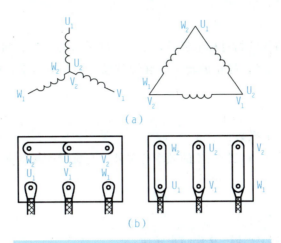

图 2.5.8　电动机内部接线图

(a)原理接线图；(b)接线盒内接线图

4. 三相异步电动机的工作原理

1) 旋转磁场的产生

三相异步电动机的定子绕组是一个空间位置对称的三相绕组，如果在定子绕组中通入三相对称交流电(三相电流的波形如图 2.5.9 所示)，就会在电动机内部建立起一个恒速旋转的磁场，称为旋转磁场，如图 2.5.10 所示。

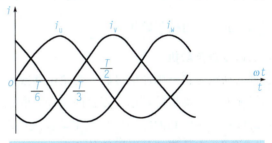

图 2.5.9　三相电流的波形

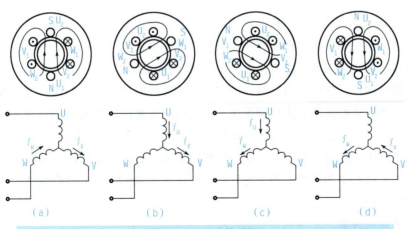

图 2.5.10　旋转磁场

2）工作原理

三相定子绕组中通入三相对称电流后，定子、转子铁芯及其之间的空气隙中产生一个同步转速为 n_0 的旋转磁场，静止的转子与旋转磁场产生相对运动，因而转子按旋转磁场的方向转动。

3）极数与转差率

极数就是旋转磁场的极数。

旋转磁场的转速除了与三相电流的频率有关外，与旋转磁场的磁极数也有着密切的关系，按下式计算：

$$n_0 = \frac{60f}{p}$$

式中　n_0——旋转磁场的转速，又称同步转速；

　　　f——三相电源的频率；

　　　p——磁极对数。

2.5.3　步进电动机的控制与应用

1. 步进电动机基础知识

1）认识步进电动机

步进电动机是将电脉冲信号转变为角位移或线位移的开环控制元步进电动机件。在非超载的情况下，电动机的转速、停止的位置只取决于脉冲信号的频率和脉冲数，而不受负载变化的影响，接收到的脉冲信号就驱动步进电动机按设定的方向转动一个固定的角度，称为"步进角"，它的旋转是以固定的角度一步一步运行的。可以通过控制脉冲个数来控制角位移量，从而达到准确定位的目的；同时可以通过控制脉冲频率来控制电动机转动的速度和加速度，从而达到调速的目的。

步进电动机是一种感应电动机，它的工作原理是利用电子电路，将直流电流变成分时供电的、多相时序控制电流，用这种电流为步进电动机供电，这样步进电动机才能正常工作，驱动器就是为步进电动机分时供电的多相时序控制器。

虽然步进电动机已被广泛地应用，但它并不能像普通的直流电动机，它必须由双环形脉冲信号、功率驱动电路等组成控制系统方可使用。因此用好步进电动机并非易事，涉及机械、电动机、电子及计算机等许多专业知识。

步进电动机作为执行元件，是机电一体化的关键产品之一，广泛应用在各种自动化控制系统中。随着微电子和计算机技术的发展，步进电动机的需求量与日俱增，在各个国民经济领域都有应用。

2）步进电动机分类

现在比较常用的步进电动机包括永磁式步进电动机（PM）、反应式步进电动机（VR）、混合式步进电动机（HB）等。

(1)永磁式步进电动机。永磁式步进电动机一般为两相,转矩和体积较小,步进角一般为 7.5°或 15°;

永磁式步进电动机输出力矩大,动态性能好,但步进角大。

(2)反应式步进电动机。反应式步进电动机一般为三相,可实现大转矩输出,步进角一般为 1.5°,但噪声和振动都很大。反应式步进电动机的转子磁路由软磁材料制成,定子上有多相励磁绕组,利用磁导的变化产生转矩。

反应式步进电动机结构简单、生产成本低、步进角小,但动态性能差。

(3)混合式步进电动机。混合式步进电动机综合了反应式、永磁式步进电动机两者的优点,它的步进角小、出力大、动态性能好,是目前性能最高的步进电动机,有时也被称作永磁感应式步进电动机。它又分为两相和五相:两相步进角一般为 1.8°,而五相步进角一般为 0.72°,这种步进电动机的应用最为广泛。

3)动态指标及术语

(1)步进角精度:步进电动机每转过一个步进角的实际值与理论值的误差。用百分比表示,即步进角精度=误差/步进角×100%。不同运行拍数的步进角精度不同,四拍运行时应在 5%之内,八拍运行时应在 15%以内。

(2)失步:电动机运转时运转的步数,不等于理论上的步数。

(3)失调角:转子齿轴线偏移定子齿轴线的角度,电动机运转必存在失调角,由失调角产生的误差,采用细分驱动是不能解决的。

(4)最大空载启动频率:电动机在某种驱动形式、电压及额定电流下,在不加负载的情况下,能够直接启动的最大频率。

(5)最大空载运行频率:电动机在某种驱动形式、电压及额定电流下,电动机不带负载的最高转速频率。

(6)运行矩频特性:电动机在某种测试条件下测得运行中输出力矩与频率关系的曲线称为运行矩频特性曲线,这是电动机诸多动态曲线中最重要的,也是电动机选择的根本依据。

(7)电动机的共振点:步进电动机均有固定的共振区域,二、四相感应子式的共振区一般在 180～250 pps(步进角为 1.8°)或在 400 pps 左右(步进角为 0.9°),电动机驱动电压越高,电动机电流越大、负载越轻,电动机体积越小,则共振区向上偏移,反之亦然。为使电动机输出电矩大、不失步和整个系统的噪声降低,一般工作点均应偏移共振区较多。

(8)电动机正反转控制:当电动机绕组通电时序为 AB-BC-CD-DA 时为正转,通电时序为 DA-CD-BC-AB 时为反转。

4)步进电动机特点

(1)一般步进电动机的精度为步进角的 3%～5%,且不累积。

(2)步进电动机温度过高首先会使电动机的磁性材料退磁,从而导致力矩下降乃至失步,因此电动机外表允许的最高温度应取决于不同电动机磁性材料的退磁点。一般来讲,磁性材料的退磁点都在 130 ℃以上,有的甚至高达 200 ℃以上,所以步进电动机外表温度

学习单元 2　了解机电产品的主要制造技术

在 80 ℃～90 ℃完全正常。

（3）步进电动机的力矩会随转速的升高而下降。当步进电动机转动时，电动机各相绕组的电感将形成一个反向电动势；频率越高，反向电动势越大。在它的作用下，电动机随频率（或速度）的增大而相电流减小，从而导致力矩下降。

（4）步进电动机低速时可以正常运转，但若高于一定速度就无法启动，并伴有啸叫声。步进电动机有一个技术参数——空载启动频率，即步进电动机在空载情况下能够正常启动的脉冲频率，如果脉冲频率高于该值，电动机不能正常启动，可能发生丢步或堵转。在有负载的情况下，启动频率应更低。如果要使电动机达到高速转动，脉冲频率应该有加速过程，即启动频率较低，然后按一定加速度升到所希望的高频（电动机转速从低速升到高速）。

步进电动机以其显著的特点，在数字化制造时代发挥着重大的用途。伴随着不同的数字化技术的发展以及步进电动机本身技术的提高，步进电动机将会在更多的领域得到应用。

2. 步进电动机应用方法

下面以 Kinco 三相步进电动机 3S57Q—04056 型号为基础，介绍步进电动机的使用方法。

1) 步进电动机应用的主要参数

（1）电动机固有步进角。它表示控制系统每发一个步进脉冲信号，电动机所转动的角度。电动机出厂时给出了一个步进角的值，如 86BYG250A 型电动机给出的值为 0.9°/1.8°（表示半步工作时为 0.9°、整步工作时为 1.8°），这个步进角可以称为"电动机固有步进角"，它不一定是电动机实际工作时的真正步进角，真正的步进角和驱动器有关。

通常步进电动机步进角 β 一般按下式计算：

$$\beta = 360°/(Z \cdot m \cdot K)$$

式中　β——步进电动机的步进角；

　　　Z——转子齿数；

　　　M——步进电动机的相数；

　　　K——控制系数，是拍数与相数的比例系数。

（2）步进电动机的相数。它是指电动机内部的线圈组数，目前常用的有二相、三相、四相、五相步进电动机。电动机相数不同，其步进角也不同，一般二相电动机的步进角为 0.9°/1.8°、三相的为 0.75°/1.5°、五相的为 0.36°/0.72°。在没有细分驱动器时，用户主要靠选择不同相数的步进电动机来满足自己步进角的要求。如果使用细分驱动器，则"相数"将变得没有意义，用户只需在驱动器上改变细分数，就可以改变步进角。

（3）保持转矩。它是指步进电动机通电但没有转动时，定子锁住转子的力矩。它是步进电动机最重要的参数之一，通常步进电动机在低速时的力矩接近保持转矩。由于步进电动机的输出力矩随速度的增大而不断衰减，输出功率也随速度的增大而变化，所以保持转矩就成了衡量步进电动机最重要的参数之一。例如，说到 2 N·m 的步进电动机，在没有特殊说明的情况下其是指保持转矩为 2 N·m 的步进电动机。

2)步进电动机的工作原理

下面以最简单的三相反应式步进电动机为例,介绍步进电动机的工作原理。

图 2.5.11 所示为三相反应式步进电动机的原理。定子铁芯为凸极式,共有三对(六个)磁极,每两个空间相对的磁极上绕有一相控制绕组。转子用软磁性材料制成,也是凸极结构,只有四个齿,齿宽等于定子的极宽。

步进电动机的工作原理

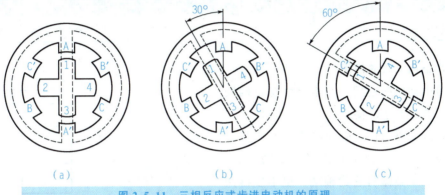

图 2.5.11 三相反应式步进电动机的原理
(a)A 相通电;(b)B 相通电;(c)C 相通电

如图 2.5.11 所示,当 A 相控制绕组通电,其余两相均不通电时,电动机内建立以定子 A 相极为轴线的磁场。由于磁通具有力图走磁阻最小路径的特点,转子齿 1、3 的轴线与定子 A 相极轴线对齐,如图 2.5.11(a)所示。若 A 相控制绕组断电、B 相控制绕组通电时,转子在反应转矩的作用下,逆时针转过 30°,转子齿 2、4 的轴线与定子 B 相极轴线对齐,即转子走了一步,如图 2.5.11(b)所示。若断开 B 相,使 C 相控制绕组通电,转子逆时针方向又转过 30°,转子齿 1、3 的轴线与定子 C 相极轴线对齐,如图 2.5.11(c)所示。如此按 A—B—C—A 的顺序轮流通电,转子就会一步一步地按逆时针方向转动。其转速取决于各相控制绕组通电与断电的频率,旋转方向取决于控制绕组轮流通电的顺序。若按 A—C—B—A 的顺序通电,则电动机按顺时针方向转动,上述通电方式称为三相单三拍。"三相"是指三相步进电动机;"单三拍"是指每次只有一相控制绕组通电;控制绕组每改变一次通电状态称为一拍,"三拍"是指改变三次通电状态为一个循环。每一拍转子转过的角度即为步进角。三相单三拍运行时,步进角为 30°。显然,这个角度太大,不能付诸实用。

如果把控制绕组的通电方式改为 A→AB→B→BC→C→CA→A,即一相通电接着二相通电间隔地轮流进行,完成一个循环需要经过六次改变通电状态,称为三相单双六拍通电方式。当 A、B 两相绕组同时通电时,转子齿的位置应同时考虑到两对定子极的作用,只有 A 相极和 B 相极对转子齿所产生的磁拉力相平衡的中间位置,才是转子的平衡位置。这样,单双六拍通电方式下转子平衡位置增加了一倍,步进角为 15°。

进一步减小步进角的措施是采用定子磁极带有小齿、转子齿数很多的结构,分析表明,这样结构的步进电动机,其步进角可以做得很小。实际生活中的步进电动机产品都采用这种方法实现步进角的细分。

例如，Kinco 三相步进电动机 3S57Q—04056，它的步进角是在整步方式下为 1.8°，半步方式下为 0.9°。除了步进角外，步进电动机还有保持转矩、阻尼转矩等技术参数，这些参数的物理意义请参阅有关步进电动机的专门资料。3S57Q—04056 部分技术参数见表 2.5.1。

表 2.5.1 3S57Q—04056 部分技术参数

参数名称	步进角	相电流	保持扭矩	阻尼扭矩	电动机惯量
参数值	1.8°	5.8 A	1.0 N·m	0.04 N·m	0.3 kg·cm²

3）步进电动机的使用

步进电动机的使用，一是要注意正确安装，二是要注意正确接线。

安装步进电动机，必须严格按照产品说明的要求进行。步进电动机是一精密装置，安装时注意不要敲打它的轴端，更不要拆卸电动机。

图 2.5.12 3S57Q—04056 步进电动机的接线

不同的步进电动机的接线有所不同，3S57Q—04056 接线如图 2.5.12 所示，三个相绕组的六根引出线，必须按头尾相连的原则连接成三角形。改变绕组的通电顺序就能改变步进电动机的转动方向。

4）步进电动机的驱动装置

步进电动机需要专门的驱动装置（驱动器）供电，驱动器和步进电动机是一个有机整体，步进电动机的运行性能是电动机及其驱动器二者配合所反映的综合效果。

一般来说，每一台步进电动机大都有其对应的驱动器。Kinco 三相步进电动机 3S57Q—04056 与之配套的驱动器是 Kinco 3M458 三相步进电动机驱动器。图 2.5.13 所示为它的外观，图 2.5.14 所示为典型接线图，驱动器可采用直流 24～40 V 电源供电。YL—335B 中，该电源由输送单元专用的开关稳压电源（DC 24 V 8 A）供给。输出电流和输入信号规格如下：

图 2.5.13 Kinco 3M458 外观

（1）输出相电流为 3.0～5.8 A，输出相电流通过拨动开关设定；驱动器采用自然风冷的冷却方式。

（2）控制信号输入电流为 6～20 mA，控制信号的输入电路采用光耦隔离。输送单元 PLC 输出公共端 V_{cc} 使用的是 DC 24 V 电压，所使用的限流电阻 R_1 为 2 kΩ。

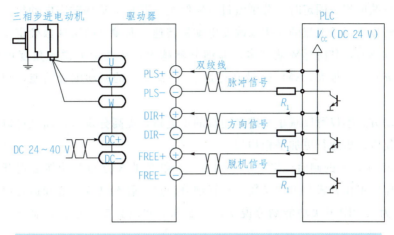

图 2.5.14　Kinco 3M458 的典型接线图

由图 2.5.14 可见，步进电动机驱动器的功能是接收来自控制器的一定数量和频率脉冲信号以及电动机旋转方向的信号，为步进电动机输出三相功率脉冲信号。

步进电动机驱动器的组成包括脉冲分配器和脉冲放大器两部分，主要解决向步进电动机的各相绕组分配输出脉冲和功率放大两个问题。

脉冲分配器是一个数字逻辑单元，它接收来自控制器的脉冲信号和转向信号，把脉冲信号按一定的逻辑关系分配到每一相脉冲放大器上，使步进电动机按选定的运行方式工作。由于步进电动机各相绕组是按一定的通电顺序并不断循环来实现步进功能的，因此脉冲分配器也称为环形分配器。实现这种分配功能的方法有多种，例如可以由双稳态触发器和门电路组成，也可由可编程逻辑器件组成。

脉冲放大器是进行脉冲功率放大，因为从脉冲分配器能够输出的电流很小（毫安级），而步进电动机工作时需要的电流较大，因此需要进行功率放大。此外，输出的脉冲波形、幅度、波形前沿陡度等因素对步进电动机运行性能有重要的影响。3M458 驱动器采取如下一些措施，大大改善了步进电动机运行性能：

①内部驱动直流电压达 40 V，能提供更好的高速性能。

②具有电动机静态锁紧状态下的自动半流功能，可大大降低电动机的发热。为调试方便，驱动器还有一对脱机信号输入线 FREE＋和 FREE－，当这一信号为 ON 时，驱动器将断开输入到步进电动机的电源回路。

③3M458 驱动器采用交流伺服驱动原理，把直流电压通过脉宽调制技术变为三路阶梯式正弦波形电流，如图 2.5.15 所示。

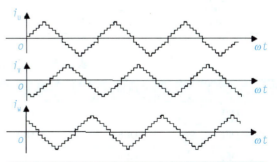

图 2.5.15　相位差 120°的三相阶梯式正弦电流

阶梯式正弦电流按固定时序分别流过三路绕组，其每个阶梯对应电动机转动一步。通过改变驱动器输出正弦电流的频率来改变电动机转速，而输出的阶梯数确定了每步转过的角度，角度越小时，其阶梯数就越多，即细分就越大，从理论上说此角度可以设得足够小，所以细分数可以很大。3M458最高可达10 000步/r的驱动细分功能，细分可以通过拨动开关设定。

细分驱动方式不仅可以减小步进电动机的步进角，提高分辨率，而且可以减小或消除低频振动，使电动机运行更加平稳均匀。

在3M458驱动器的侧面连接端子中间有一个红色的8位DIP功能设定开关，可以用来设定驱动器的工作方式和工作参数，包括细分设置、静态电流设置和运行电流设置。图2.5.16所示为该DIP开关功能划分说明，表2.5.2和表2.5.3分别为细分设置和输出电流设定表。

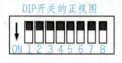

开关序号	ON功能	OFF功能
DIP1～DIP3	细分设置用	细分设置用
DIP4	静态电流全流	静态电流半流
DIP5～DIP8	电流设置用	电流设置用

图2.5.16　3M458 DIP开关功能划分说明

表2.5.2　细分设置

DIP1	DIP2	DIP3	细分
ON	ON	ON	400步/r
ON	ON	OFF	500步/r
ON	OFF	ON	600步/r
ON	OFF	OFF	1 000步/r
OFF	ON	ON	2 000步/r
OFF	ON	OFF	4 000步/r
OFF	OFF	ON	5 000步/r
OFF	OFF	OFF	10 000步/r

表2.5.3　输出电流设定

DIP5	DIP6	DIP7	DIP8	输出电流/A
OFF	OFF	OFF	OFF	3.0
OFF	OFF	OFF	ON	4.0
OFF	OFF	ON	ON	4.6
OFF	ON	ON	ON	5.2
ON	ON	ON	ON	5.8

5) 使用步进电动机应注意的问题

控制步进电动机运行时,应注意考虑在防止步进电动机运行中失步的问题。

步进电动机失步包括丢步和越步。丢步时,转子前进的步数小于脉冲数;越步时,转子前进的步数大于脉冲数。丢步严重时,将使转子停留在一个位置上或围绕一个位置振动;越步严重时,设备将发生过冲。

使机械手返回原点的操作,常常会出现越步情况。当机械手装置回到原点时,原点开关动作,使指令输入 OFF。但如果到达原点前速度过高,惯性转矩将大于步进电动机的保持转矩而使步进电动机越步。因此,回原点的操作应以确保足够低速为宜;当步进电动机驱动机械手装配高速运行时紧急停止,出现越步情况不可避免,因此急停复位后应采取先低速返回原点重新校准,再恢复原有操作的方法。

> 注:所谓保持扭矩是指电动机各相绕组通额定电流且处于静态锁定状态时,电动机所能输出的最大转矩,它是步进电动机最主要参数之一。

由于电动机绕组本身是感性负载,输入频率越高,励磁电流就越小。频率高,磁通量变化加剧,涡流损失加大。因此,输入频率增高,输出力矩降低。最高工作频率的输出力矩只能达到低频转矩的 40%~50%。进行高速定位控制时,如果指定频率过高,会出现丢步现象。

2.5.4 伺服系统简介

伺服(Servo)的意思即"伺候服务",就是在控制指令的指挥下,控制驱动元件,使机械系统的运动部件按照指令要求进行运动。伺服系统主要用于机械设备位置和速度的动态控制,在数控机床、工业机器人、坐标测量机以及自动导引车等自动化制造、装配及测量设备中,已经获得非常广泛的应用。

1. 伺服系统的结构组成

伺服系统的结构类型繁多,其组成和工作状况也是不尽相同。一般来说,其基本组成可包含控制器、功率放大器、执行机构和检测装置四大部分,如图 2.5.17 所示。

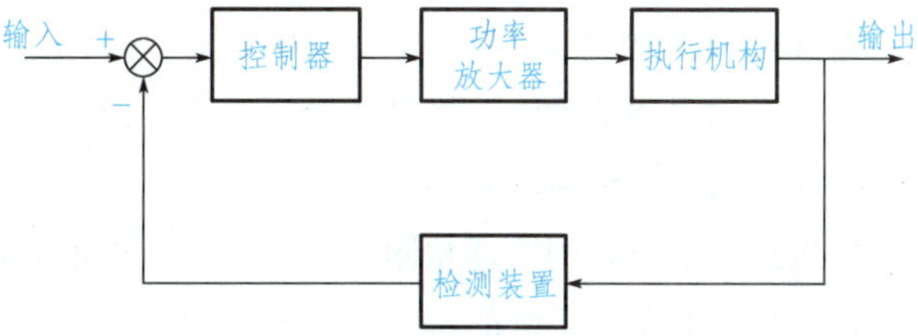

图 2.5.17 伺服系统的组成

1) 控制器

控制器的主要任务是根据输入信号和反馈信号决定控制策略。常用的控制算法有 PID(比例、积分、微分)控制和最优控制等。控制器通常由电子线路或计算机组成。

2) 功率放大器

伺服系统中的功率放大器的作用是将信号进行放大,并用来驱动执行机构完成某种操作。在现代机电一体化系统中的功率放大装置，主要采用各种电力电子器件。

3) 执行机构

执行机构主要由伺服电动机或液压伺服机构和机械传动装置等组成。目前，采用电动机作为驱动元件的执行机构占据较大的比例。伺服电动机包括步进电动机、直流伺服电动机、交流伺服电动机等。

4) 检测装置

检测装置的任务是测量被控制量(输出量)，实现反馈控制。伺服传动系统中，用来检测位置量的检测装置有自整角机、旋转变压器、光电码盘等；用来检测速度信号的检测装置有测速电动机、光电码盘等。应当指出，检测装置的精度是至关重要的，无论采用何种控制方案，系统的控制精度总是低于检测装置的精度。对检测装置的要求除了精度高之外，还要求线性度好、可靠性高、响应快等。

2. 伺服系统的分类

(1) 根据使用能量的不同，可以将伺服驱动系统分为电气式、液压式和气压式等几种类型，如图 2.5.18 所示。

图 2.5.18 伺服驱动系统的种类

电气式伺服驱动系统将电能变成电磁力，并用该电磁力驱动运行机构运动。

液压式伺服驱动系统先将电能变换为液压能并用电磁阀改变压力油的流向，从而使液压执行元件驱动运行机构运动。

气压式与液压式的原理相同，只是将介质由液体油改为气体而已。

这三种伺服驱动系统的基本特点及优缺点见表 2.5.4。

表 2.5.4 伺服驱动系统的基本特点及优缺点

种类	特点	优点	缺点
电气式	可使用商用电源；信号与动力的传送方向相同；有交流和直流之别，需注意电压大小	操作简单，编程容易；能实现定位伺服；响应快、易与CPU相接；体积小，动力较大；无污染	瞬时输出功率大；过载差，由于某种原因而卡住时，会引起烧毁事故，易受外部噪声影响

续表

种类	特点	优点	缺点
液压式	要求操作人员技术熟练；液压源压力为(20～80)×10⁵ Pa	输出功率大、速度快，动作平稳，可实现定位伺服；易与CPU相接；响应快	设备难于小型化；液压源或液压油要求（杂质、温度、测量、质量）严格；易泄漏且有污染
气压式	空气压力源的压力为(5～7)×10⁵ Pa；要求操作人员技术熟练	气源方便、成本低；无泄漏污染；速度快、操作比较简单	功率小，体积大，动作不够平稳；不易小型化；远距离传输困难；工作噪声大、难于伺服

(2) 按控制方式划分，可以将伺服驱动系统分为开环伺服系统和闭环伺服系统。开环伺服系统[图 2.5.19(a)]结构上较为简单，技术容易掌握，调试、维护方便，工作可靠，成本低，缺点是精度低、抗干扰能力差，一般用于精度、速度要求不高，成本要求低的机电一体化系统。闭环伺服系统[图 2.5.19(b)]采用反馈控制原理组成系统，具有精度高、调速范围宽、动态性能好等优点，缺点是系统结构复杂、成本高等，一般用于要求高精度、高速度的机电一体化系统。

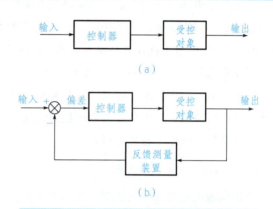

图 2.5.19 开环伺服系统与闭环伺服系统
(a)开环伺服系统；(b)闭环伺服系统

2.5.5 直流伺服电动机简介

1. 直流伺服电动机的结构

如图 2.5.20、图 2.5.21 所示，直流伺服电动机包括定子、转子铁芯、电动机转轴、伺服电动机绕组换向器、伺服电动机绕组、测速电动机绕组、测速电动机换向器。所述的转子铁芯由矽钢冲片叠压固定在电动机转轴上构成。

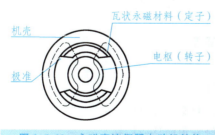

图 2.5.20 永磁直流伺服电动机结构

图 2.5.21 直流主轴电动机结构

2. 直流伺服电动机的驱动原理

伺服主要靠脉冲来定位,基本上可以这样理解,伺服电动机接收到1个脉冲,就会旋转1个脉冲对应的角度,从而实现位移,因为伺服电动机本身具备发出脉冲的功能,所以伺服电动机每旋转一个角度,都会发出对应数量的脉冲,这样和伺服电动机接收的脉冲形成了呼应(或者叫闭环),如此一来,系统就会知道发出了多少脉冲给伺服电动机,同时又接收了多少脉冲回来,这样,就能够很精确地控制电动机的转动,从而实现精确的定位(可以达到0.001 mm)。

直流伺服电动机分为有刷直流电动机和无刷直流电动机。有刷直流伺服电动机特点:电动机成本低、结构简单、启动转矩大、调速范围宽、控制容易、需要维护,但维护方便(换碳刷),会产生电磁干扰,对环境有要求。因此它可以用于低成本的普通工业和民用场合。

无刷直流伺服电动机特点:电动机体积小、质量小、出力大、响应快、速度高、惯量小、转动平滑、力矩稳定;容易实现智能化,其电子换相方式灵活,可以方波换相或正弦波换相;电动机免维护,不存在碳刷损耗的情况,效率很高,运行温度低,噪声小,电磁辐射很小,寿命长,可用于各种环境。

3. 直流伺服电动机的种类

直流伺服电动机按电动机惯量大小可分为:

(1)小惯量直流电动机——印刷电路板的自动钻孔机。
(2)中惯量直流电动机(宽调速直流电动机)——数控机床的进给系统。
(3)大惯量直流电动机——数控机床的主轴电动机。
(4)特种形式的低惯量直流电动机。

4. 直流伺服电动机的基本特性

(1)机械特性:在输入的电枢电压 U_a 保持不变时,电动机的转速 n 随电磁转矩 M 变化而变化的规律,称为直流电动机的机械特性。

(2)调节特性:直流电动机在一定的电磁转矩 M(或负载转矩)下电动机的稳态转速 n 随电枢的控制电压 U_a 变化而变化的规律,称为直流电动机的调节特性。

(3)动态特性:从原来的稳定状态到新的稳定状态,存在一个过渡过程,这就是直流电动机的动态特性。

5. 直流伺服电动机调整系统的组成(图 2.5.22)

控制回路:速度环、电流环、触发脉冲发生器等。
主回路:可控硅整流放大器等。
速度环:速度调节,它有好的静态、动态特性。
电流环:电流调节,它有加快响应、启动、低频稳定等特性。
触发脉冲发生器:产生移相脉冲,使可控硅触发角前移或后移。
可控硅整流放大器:整流、放大、驱动,使电动机转动。

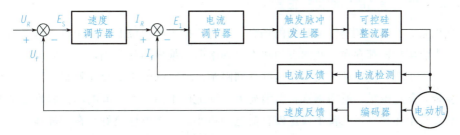

图 2.5.22 直流伺服电动机调速系统的组成

2.5.6 交流伺服电动机简介

20世纪80年代以来，随着集成电路、电力电子技术和交流可变速驱动技术的发展，永磁交流伺服驱动技术有了突出的发展，各国著名电气厂商相继推出各自的交流伺服电动机和伺服驱动器系列产品并不断完善和更新。交流伺服系统已成为当代高性能伺服系统的主要发展方向，90年代以后，世界各国已经商品化了的交流伺服系统是采用全数字控制的正弦波电动机伺服驱动。交流伺服驱动装置在传动领域的发展日新月异。

1. 永磁交流同步伺服电动机的结构和工作原理

如图 2.5.23 所示，永磁交流同步伺服电动机的结构主要可分为两部分，即定子部分和转子部分。其中定子的结构与旋转变压器的定子基本相同，在定子铁芯中也安放着空间互成90°电角度的两相绕组：其中一组为激磁绕组，另一组为控制绕组。使用交流伺服电动机时，激磁绕组两端施加恒定的激磁电压 U_f，控制绕组两端施加控制电压 U_k。当定子绕组加上电压后，伺服电动机很快就会转动起来。通入励磁绕组及控制绕组的电流在电动机内产生一个旋转磁场，旋转磁场的转向决定了电动机的转向，当任意一个绕组上所加的电压反相时，旋转磁场的方向就发生改变，电动机的方向也发生改变。为了在电动机内形成一个圆形旋转磁场，要求激磁电压 U_f 和控制电压 U_k 之间有90°的相位差，常用的方法有：

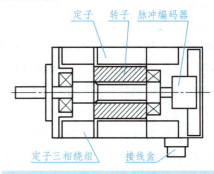

图 2.5.23 永磁交流同步伺服电动机结构

(1) 利用三相电源的相电压和线电压构成90°的移相。
(2) 利用三相电源的任意线电压。
(3) 采用移相网络。
(4) 在激磁相中串联电容器。

2. 交流同步伺服电动机的主要类型

长期以来，在要求调速性能较高的场合，一直占据主导地位的是应用直流电动机的调速系统。但直流电动机都存在一些固有的缺点，如电刷和换向器易磨损，需经常维护。换向器换向时会产生火花，使电动机的最高速度受到限制，也使应用环境受到限制，而且直流电动机结构复杂，制造困难，所用钢铁材料消耗大，制造成本高。而交流电动机特别是鼠笼式感应电动机没有上述缺点，且转子惯量较直流电动机小，动态响应更好。在同样体积下，交流电动机输出功率可比直流电动机提高 10%～70%，此外，交流电动机的容量可比直流电动机造得大，达到更高的电压和转速。现代数控机床都倾向采用交流伺服驱动，交流伺服驱动已有取代直流伺服驱动之势。

1）异步型

异步型交流伺服电动机指的是交流感应电动机，它有三相和单相之分，也有鼠笼式和线绕式，通常多用鼠笼式三相感应电动机。其结构简单，与同容量的直流电动机相比，质量小 1/2，价格仅为直流电动机的 1/3。缺点是不能经济地实现范围很广的平滑调速，必须从电网吸收滞后的励磁电流，因而电网功率因数变大。

这种鼠笼转子的异步型交流伺服电动机简称异步型交流伺服电动机，用 IM 表示。

2）同步型

同步型交流伺服电动机虽较感应电动机复杂，但比直流电动机简单。它的定子与感应电动机一样，都在定子上装有对称三相绕组。而转子却不同，按不同的转子结构又分电磁式及非电磁式两大类。非电磁式又分为磁滞式、永磁式和反应式多种，其中磁滞式和反应式同步电动机存在效率低、功率因数较差、制造容量不大等缺点。数控机床中多用永磁式同步电动机。与电磁式相比，永磁式电动机优点是结构简单、运行可靠、效率较高；缺点是体积大、启动特性欠佳。但永磁式同步电动机采用高剩磁感应，高矫顽力的稀土类磁铁，可比直流电动机外形尺寸约小 1/2，质量减小 60%，转子惯量减到直流电动机的 1/5。它与异步电动机相比，由于采用了永磁铁励磁，消除了励磁损耗及有关的杂散损耗，所以效率高。又因为没有电磁式同步电动机所需的集电环和电刷等，其机械可靠性与感应（异步）电动机相同，而功率因数却大于异步电动机，从而使永磁同步电动机的体积比异步电动机小些。这是因为在低速时，感应（异步）电动机由于功率因数小，输出同样的有功功率时，它的视在功率却大得多，而电动机主要尺寸是据视在功率而定的。

3. 交流伺服电动机的优点

(1) 无电刷和换向器，因工作可靠，对维护和保养要求低。
(2) 定子绕组散热比较方便。
(3) 惯量小，易于提高系统的快速性。
(4) 适应于高速大力矩工作状态。

4. 交流伺服电动机的主要参数

1）精度

步进电动机的步进角一般为 1.8°（两相）或 0.72°（五相），而交流伺服电动机的精度取决于电动机编码器的精度。以伺服电动机为例，其编码器为 16 位，驱动器每接收 2^{16}（65 536）个脉冲，电动机转一圈，其脉冲当量为 $360°/65\ 536=0.005\ 5°$，实现了位置的闭环控制，从根本上克服了步进电动机的失步问题。

2）矩频特性

步进电动机的输出力矩随转速的升高而下降，且在较高转速时会急剧下降，其工作转速一般在每分钟几十转至几百转。而交流伺服电动机在其额定转速（一般为 2 000 r/min 或 3 000 r/min）以内为恒转矩输出，在额定转速以 E 为恒功率输出。

3）过载能力

交流伺服电动机具有较强的过载能力。例如，松下交流伺服系统具有速度过载和转矩过载能力，其最大转矩为额定转矩的三倍，可用于克服惯性负载在启动瞬间的惯性力矩。步进电动机因为没有这种过载能力，在选型时为了克服这种惯性力矩，往往需要选取较大转矩的电动机，而机器在正常工作期间又不需要那么大的转矩，便出现了力矩浪费的现象。

4）加速性能

步进电动机空载时从静止加速到每分钟几百转，只需 200～400 ms，即交流伺服电动机的加速性能较好。

5. 交流伺服电动机的应用场合

1）物料计量

粉状物料的计量，常用螺杆计量的方式。通过螺杆旋转的圈数多少来达到计量的目的。为了提高计量的精度，要求螺杆的转速可调、位置定位准确，如果用交流伺服电动机来驱动螺杆，利用交流伺服电动机控制精度高、矩频特性好的优点，可以快速精确计量，同样，对黏稠物料的计量，可以采用交流伺服电动机来驱动齿轮泵，通过齿轮泵的一对齿轮的啮合来进行。

2）横封装置

在制袋式自动包装机械中，横封装置是一个重要的机构，不仅要求定位准确，还要求横向封台时横封轮的线速度与薄膜供送的速度相等，而且在横封轮对滚后，横封轮的转速应增大，即以较快的速度相分离。

传统的方法是通过偏心轮或曲柄导杆机构等机械的方式来实现的，这样不仅机构复杂、可靠性低，且调整十分麻烦。如果用交流伺服电动机来驱动横封轮，可以利用交流伺服电动机优良的运动性能，通过交流伺服电动机的非恒速运动来满足横向封口的要求，提高工作质量和效率。

3）供送物料

包装机械供送物料的工作方式有间歇式和连续式两类。

在间歇式供送物料方式中，如在间歇式制袋包装机上，以前，包装膜的供送多采用曲柄连杆机构间歇拉带的方式，不仅结构复杂，调整也困难。如果用交流伺服电动机驱动拉带轮，可以在控制器中事先设定交流伺服电动机每次运行的距离、运行的时间和停顿的时间，利用交流伺服电动机的优良加速和定位性能，达到准确控制供送薄膜长度的目的。尤其是在具有色标纠偏装置的控制系统中，通过色标检测开关检测到的偏差信号，经控制器输送到交流伺服电动机。交流伺服电动机优良的加速性能和控制精度，可以使偏差得到快速准确的纠正。

在连续式供送物料方式中，交流伺服电动机的优良加速性能及其过载能力，可以保证连续匀速地供送物料。

6. 交流伺服电动机与步进电动机的性能比较与区别

步进电动机是一种离散运动的装置，它和现代数字控制技术有着本质的联系。在目前国内的数字控制系统中，步进电动机的应用十分广泛。随着全数字式交流伺服系统的出现，交流伺服电动机也越来越多地应用于数字控制系统中。为了适应数字控制的发展趋势，运动控制系统中大多采用步进电动机或全数字式交流伺服电动机作为执行电动机。虽然两者在控制方式上相似（脉冲串和方向信号），但在使用性能和应用场合上存在着较大的差异。现就二者的使用性能进行比较。

1）精度不同

两相混合式步进电动机步进角一般为 3.6°、1.8°；五相混合式步进电动机步进角一般为 0.72°、0.36°。也有一些高性能的步进电动机步进角更小，如四通公司生产的一种用于慢走丝机床的步进电动机，其步进角为 0.09°；德国百格拉公司（BERGER LAHR）生产的三相混合式步进电动机，其步进角可通过拨码开关设置为 1.8°、0.9°、0.72°、0.36°、0.18°、0.09°、0.072°、0.036°，兼容了两相和五相混合式步进电动机的步进角。如果采用步进电动机细分驱动器，还可以将其细分至更小。交流伺服电动机的控制精度由电动机轴后端的旋转编码器保证。以松下全数字式交流伺服电动机为例，对于带标准 2 500 线编码器的电动机，由于驱动器内部采用了四倍频技术，其脉冲当量为 $360°/10\ 000=0.036°$。对于带 17 位编码器的电动机，驱动器每接收 2^{17}（131 072）个脉冲，电动机转一圈，即其脉冲当量为 $360°/131\ 072=9.89''$，是步进角为 1.8°的步进电动机的脉冲当量的 1/655。

2）低频不同

步进电动机在低速时易出现低频振动现象。振动频率与负载情况和驱动器性能有关，一般认为振动频率为电动机空载起跳频率的一半。这种由步进电动机的工作原理所决定的低频振动现象，对于机器的正常运转非常不利。当步进电动机工作在低速时，一般应采用阻尼技术来克服低频振动现象，如在电动机上加阻尼器或驱动器上采用细分技术等。交流伺服电动机运转非常平稳，即使在低速时也不会出现振动现象。交流伺服系统具有共振抑制功能，可清除机械的刚性不足，并且系统内部具有频率解析机能（FFT），可检测出机械的共振点，便于系统调整。

3）矩频不同

步进电动机的输出力矩随转速升高而下降，且在较高转速时会急剧下降，所以其最高工作转速一般为 300~600 r/min。交流伺服电动机为恒力矩输出，即在其额定转速（一般为 2 000 r/min 或 3 000 r/min）以内，都能输出额定转矩，在额定转速以上为恒功率输出。

4）过载不同

步进电动机一般不具有过载能力。交流伺服电动机具有较强的过载能力。以松下交流伺服系统为例，它具有速度过载和转矩过载能力，其最大转矩为额定转矩的三倍，可用于克服惯性负载在启动瞬间的惯性力矩。步进电动机因为没有这种过载能力，在选型时为了克服这种惯性力矩，往往需要选取较大转矩的电动机，而机器在正常工作期间又不需要那么大的转矩，便出现了力矩浪费的现象。

5）运行不同

步进电动机的控制为开环控制，启动频率过高或负载过大易出现丢步或堵转的现象，停止时转速过高易出现过冲的现象，所以为保证其控制精度，应处理好升、降速问题。交流伺服驱动系统为闭环控制，驱动器可直接对电动机编码器反馈信号进行采样，内部构成位置环和速度环，一般不会出现步进电动机的丢步或过冲的现象，控制性能更为可靠。

6）响应不同

步进电动机从静止加速到工作转速（一般为每分钟几百转）需要 200～400 ms。交流伺服系统的加速性能较好，以松下 MSMA 400W 交流伺服电动机为例，从静止加速到其额定转速 3 000 r/min 仅需几毫秒，可用于要求快速启停的控制场合。

总的来看，交流伺服系统在许多性能方面都优于步进电动机，但在一些要求不高的场合也经常用步进电动机来做执行电动机。因此，在控制系统的设计过程中要综合考虑控制要求、成本等多方面的因素，选用适当的控制电动机。

2.5.7 液压传动控制技术简介

液压传动控制是工业中经常用到的一种控制方式，它采用液压完成传递能量的过程。因为液压传动控制方式的灵活性和便捷性，液压控制在工业上受到广泛的重视。液压传动是研究以有压流体为能源介质来实现各种机械和自动控制的学科。

1. 液压传动控制技术发展历程

液压传动和气压传动称为流体传动，是根据 17 世纪帕斯卡提出的液体静压力传动原理而发展起来的一门新兴技术，是工农业生产中广为应用的一门技术。如今，流体传动技术水平的高低已成为一个国家工业发展水平的重要标志。

1795 年，约瑟夫·布拉曼（Joseph Braman，1749—1814）在伦敦用水作为工作介质，以水压机的形式将其应用于工业上，诞生了世界上第一台水压机。1905 年，工作介质水被改为油后，水压机的性能又进一步得到改善。

第一次世界大战（1914—1918）后液压传动广泛应用，特别是 1920 年以后，发展更为迅速。液压元件大约在 19 世纪末 20 世纪初的 20 年间，才开始进入正规的工业生产阶段。1925 年，维克斯（F. Vikers）发明了压力平衡式叶片泵，为近代液压元件工业或液压传动的起步建立奠定了基础。20 世纪，初康斯坦丁·尼斯克（G. Constantimsco）对能量波动传递所进行的理论及实际研究,1910 年对液力传动(液力联轴节、液力变矩器等)方面的贡献,使这两方面领域得到了发展。

第二次世界大战(1941—1945)期间,30%的美国机床应用了液压传动。日本液压传动的发展较欧美等国家晚了 20 多年。在 1955 年前后,日本迅速发展液压传动,1956 年成立了"液压工业会"。

2. 液压传动控制技术的基本原理及应用

1)工作原理

液压传动是在密闭的容器内,利用有压力的油液作为工作介质来实现能量转换和传递动力的。其中的液体称为工作介质,一般为矿物油,它的作用和机械传动中的皮带、链条和齿轮等传动元件类似。

从原理上来说,液压传动所基于的最基本的原理就是帕斯卡原理,就是说,液体各处的压强是一致的,这样,在平衡的系统中,比较小的活塞上面施加的压力比较小,而大的活塞上施加的压力比较大,这样能够保持液体的静止。因此,通过液体的传递,不同端上可以得到不同的压力,这样就可以达到一个变换的目的。液压千斤顶就利用了这个原理来达到力的传递。图 2.5.24 所示为油压千斤顶。图 2.5.25 所示为液压千斤顶工作原理。

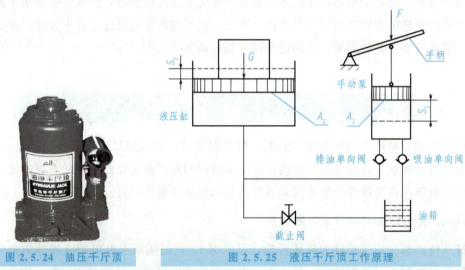

图 2.5.24 油压千斤顶　　　图 2.5.25 液压千斤顶工作原理

吸油过程:当手柄带动活塞↑,手动泵的容积↑(形成局部真空),排油单向阀关闭,油箱中的液体油箱经管道及吸油单向阀进入手动泵。

排油过程:当手柄带动活塞↓,吸油单向阀关闭,手动泵中的液体推开排油单向阀经管道进入液压缸,使活塞克服外负载 G 向上运动,从而对外做功。

当手动泵的活塞在手柄的带动下不断上下往复运动时,负载 G 就不断上升;当需要液压缸的活塞停止时,使手柄停止运动,此时排油单向阀在液压力作用下关闭,液压缸的活塞就自锁不动。

工作时截止阀关闭,当需要液压缸的活塞下放时,打开此阀,液体在重力作用下经此阀流回油箱。

在液压传动中,液压油缸就是一个最简单而又比较完整的液压传动系统,分析它的工作过程,可以清楚地了解液压传动的基本原理。

组成所需要的各种控制回路,再由若干回路有机组合成为完成一定控制功能的传动系统,就可以完成能量的传递、转换和控制。

2)应用领域

液压作为一个广泛应用的技术,在未来更是有广阔的前景。随着计算机的深入发展,液压控制系统可以和智能控制的技术、计算机控制的技术等结合起来,这样就能够在更多的场合中发挥作用,也可以更加精巧地、更加灵活地完成预期的控制任务。

液压传动有许多突出的优点,它的应用非常广泛,如图 2.5.26 所示,如一般工业用的塑料加工机械、压力机械、机床等;行走机械中的工程机械、建筑机械、农业机械、汽车等;钢铁工业用的冶金机械、提升装置、轧辊调整装置等;土木水利工程用的防洪闸门及堤坝装置、河床升降装置、桥梁操纵机构等;发电厂涡轮机调速装置、核发电厂等;船舶用的甲板起重机械(绞车)、船头门、舱壁阀、船尾推进器等;特殊技术用的巨型天线控制装置、测量浮标、升降旋转舞台等;军事工业用的火炮操纵装置、船舶减摇装置、飞行器仿真、飞机起落架的收放装置和方向舵控制装置等。

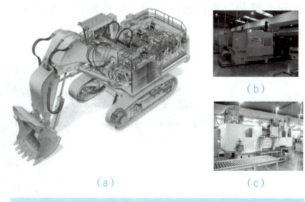

图 2.5.26 液压系统应用领域
(a)工程机械;(b)数控加工中心;(c)自动线

3. 液压系统的系统结构

(1)液压传动系统:传递动力为主,传递信息为辅,多为开环控制。其系统构成如图 2.5.27 所示。

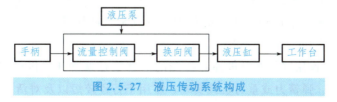

图 2.5.27 液压传动系统构成

（2）液压控制系统：传递信息为主，传递动力为辅，采用伺服阀等控制阀，多为闭环控制。其系统构成如图 2.5.28 所示。

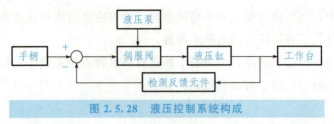

图 2.5.28　液压控制系统构成

4. 液压系统的组成

液压系统主要由动力元件（油泵）、执行元件（油缸或液压马达）、控制元件（各种阀）、辅助元件和工作介质等五部分组成。

1）动力元件

液压动力元件是为液压系统产生动力的部件，主要包括各种液压泵（图 2.5.29、图 2.5.30）。它的作用是把液体利用原动机的机械能转换成液压能，是液压传动中的动力部分。其中液压泵依靠容积变化原理来工作，所以一般也称为容积液压泵。齿轮泵是最常见的一种液压泵，它通过两个啮合齿轮的转动使液体进行运动。其他的液压泵还有叶片泵、柱塞泵，在选择液压泵的时候需要注意的问题包括消耗的能量、效率、噪声。

齿轮泵工作原理演示

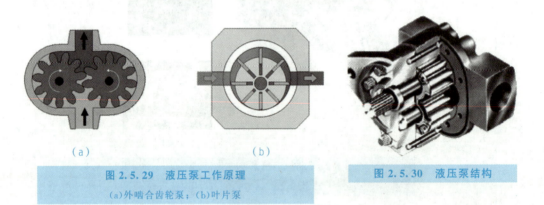

（a）　　　　　　　　　　（b）

图 2.5.29　液压泵工作原理
（a）外啮合齿轮泵；（b）叶片泵

图 2.5.30　液压泵结构

2）执行元件

液压执行元件是用来将液压泵提供的液压能转变成机械能的装置，主要包括液压缸和液压马达，其中，油缸做直线运动，马达做旋转运动。液压马达是与液压泵做相反工作的装置，也就是把液压的能量转换成为机械能对外做功。

叶片泵工作原理演示

（1）液压缸。单作用缸只能对进油腔一侧的活塞或柱塞加压，因此只能单方向做功。反向回程要靠重力、弹簧力或重力负载实现，多用于行程较短以及对活塞杆输出力和运动速度要求不高的场合；双作用缸主要由缸体、活塞和活塞杆组成，其活塞两侧都可以被加压，因此它可以在两个方向上做功，相对于单作用缸，它可以获得更稳定的输出力和更长的行程，如图 2.5.31 所示。

图 2.5.31　双作用液压缸

如图 2.5.32、图 2.5.33 所示，摆动缸是利用压缩空气或液压油驱动输出轴在一定的角度范围内做往复摆动的执行元件，多用于物体的转位、工件的翻转、阀门的开闭等场合。摆动缸按结构特点分为叶片式、齿轮齿条式两大类。

图 2.5.32　摆动缸结构

图 2.5.33　摆动液压缸

（2）气（液）压马达。气（液）压马达是利用压缩空气或液压油的压力能驱动工作部件做连续旋转运动的执行元件。按结构形式不同，气（液）压马达分为叶片式、活塞式（柱塞式）和齿轮式三类。图 2.5.34 所示为液压马达。

图 2.5.34　液压马达
(a) 叶片式；(b) 柱塞式；(c) 齿轮式

3）液压控制元件

液压控制元件用来控制液体流动的方向、压力的高低以及对流量的大小进行预期的控制，以满足特定的工作要求。液压控制元件的灵活性使液压控制系统能够完成不同的活动。液压控制元件按照用途分为压力控制阀、流量控制阀、方向控制阀，按照操作方式分为人力操纵阀、机械操纵阀、电动操纵阀等。它们的作用是根据需要无级调节液动机的速度并对液压系统中工作液体的压力、流量和流向进行调节控制。

(1)方向控制阀。方向控制阀包括单向阀和换向阀，如图 2.5.35、图 2.5.36 所示。单向阀是用来控制液流方向，使之只能单向通过的方向控制阀。换向阀的功能主要是改变液体流动通道，使液体流动方向发生变化，从而改变执行元件的运动方向。换向阀是液压传动系统中最主要的控制元件，按控制方式主要分为人力控制阀、机械控制阀、气压控制阀和电磁控制阀四类。

(a) (b)

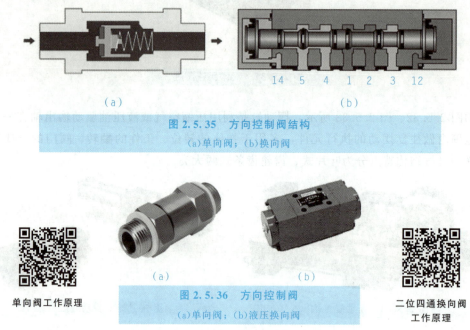

图 2.5.35 方向控制阀结构

(a)单向阀；(b)换向阀

单向阀工作原理

(a) (b)

图 2.5.36 方向控制阀

(a)单向阀；(b)液压换向阀

二位四通换向阀工作原理

(2)流量控制阀。在液压传动系统中，执行元件的运动速度控制可以通过调节液压油的流量来实现。从流体力学的角度看，流量控制就是在管路中制造局部阻力，通过改变局部阻力的大小来控制流量的大小。凡用来控制流量的阀，均称为流量控制阀，在液压传动系统中，流量控制阀主要有节流阀、单向节流阀、调速阀等，如图 2.5.37、图 2.5.38 所示。

节流阀工作原理

(a) (b)

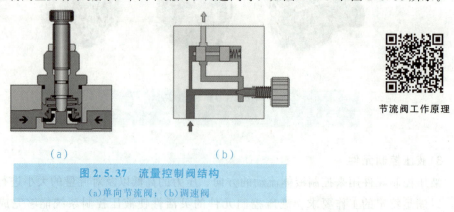

图 2.5.37 流量控制阀结构

(a)单向节流阀；(b)调速阀

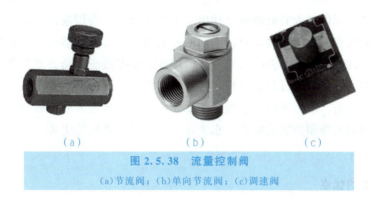

图 2.5.38 流量控制阀
(a)节流阀；(b)单向节流阀；(c)调速阀

(3)压力控制阀。压力控制主要指的是控制、调节液压系统液压油的压力,以满足系统对压力的要求。它不仅是维持系统正常工作所必需的,同时也关系到系统的安全性、可靠性以及执行元件动作能否正常实现等多个方面,所以压力控制是液压传动控制中除方向控制、流量控制外的另一个非常重要的方面。压力控制阀主要有限制系统最高压力的安全阀,起调压和稳压作用的调压阀(减压阀)、溢流阀,利用压力作为控制信号控制动作的顺序阀等,如图 2.5.39、图 2.5.40 所示。

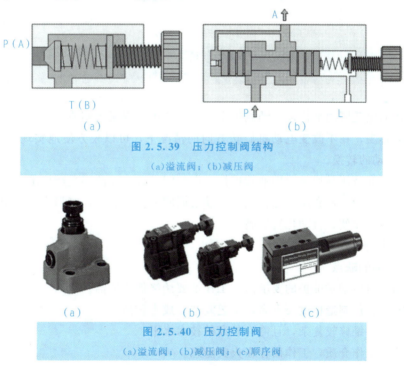

图 2.5.39 压力控制阀结构
(a)溢流阀；(b)减压阀

图 2.5.40 压力控制阀
(a)溢流阀；(b)减压阀；(c)顺序阀

(4)辅助元件。除了上述元件以外,液压控制系统还需要液压辅助元件,这些元件包括压力表、滤油器、冷却器、管件、管路、管接头、油箱、蓄能器和密封装置等。

(5)工作介质。工作介质是指各类液压传动中的液压油或乳化液,它经过油泵和液动机实现能量转换。

通过以上各个元件，人们就能够设计出一个液压回路。所谓液压回路，就是通过各种液压元件构成的相应的控制回路。根据不同的控制目标，人们能够设计不同的回路，如压力控制回路、速度控制回路、多缸工作控制回路等。根据液压传动的结构及其特点，在液压系统的设计中，首先要进行系统分析，然后拟定系统的原理图，其中这个原理图是用液压机械符号来表示的。最后通过计算选择液压元件，进而再完成系统的设计和调试。在这个过程中，原理图的绘制是最关键的，它决定了一个设计系统的优劣。

5. 优缺点

1）液压传动的优点

（1）体积小、质量小，因此惯性力较小，当突然过载或停车时，不会发生大的冲击，如图 2.5.41 所示。

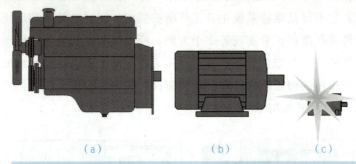

(a)　　　　　　　(b)　　　　　　　(c)

图 2.5.41　液压系统与其他动力源相比的体积优势
(a)柴油机；(b)电动机；(c)液压系统

（2）能在给定范围内平稳地自动调节牵引速度并可实现无级调速。

（3）换向容易，在不改变电动机旋转方向的情况下，可以较方便地实现工作机构旋转和直线往复运动的转换。

（4）液压泵和液压马达之间用油管连接，在空间布置上彼此不受严格限制。

（5）由于油液为工作介质，元件相对运动表面间能自行润滑，磨损小，使用寿命长。

（6）操纵控制简便，自动化程度高。

（7）容易实现过载保护。

2）液压传动的缺点

（1）使用液压传动对维护的要求高，工作油要始终保持清洁。

（2）对液压元件制造精度要求高，工艺复杂，成本较高。

（3）液压元件维修较复杂，且需有较高的技术水平。

（4）用油作工作介质，工作面存在火灾隐患。

（5）传动效率低。

2.5.8　气动技术简介

气压传动技术简称气动技术，由风动技术和液压技术演变、发展而来，作为一门独立的技术门类,至今还不到60年,其系统结构及基本原理与液压系统相似,但也具有其独特的应用特点。

1. 气动技术基本知识

1) 气压传动的定义

气压传动与液压传动统称为流体传动,都是利用有压流体(液体或气体)作为工作介质来传递动力或控制信号的一种传动方式。它们的基本工作原理是相似的,都是执行元件在控制元件的控制下,将传动介质(压缩空气或液压油)的压力能转换为机械能,从而实现对执行机构运动的控制。

气压传动是以压缩空气为工作介质进行能量传递和信号传递的一门技术。气压传动的工作原理是利用空压机把电动机或其他原动机输出的机械能转换为空气的压力能,然后在控制元件的作用下,通过执行元件把压力能转换为直线运动或回转运动形式的机械能,从而完成各种动作并对外做功。

2) 气动控制装置的特点

气动技术广泛应用于机械、电子、轻工、纺织、食品、医药、包装、冶金、石化、航空、交通运输等各个工业部门。气动机械手、组合机床、加工中心、自动生产线、自动检测和实验装置等已大量涌现。在提高生产效率、自动化程度、产品质量、工作可靠性和实现特殊工艺等方面显示出极大的优越性。这主要是因为气压传动与机械、电气、液压传动相比有以下优点:

(1) 工作介质是空气,取之不尽、用之不竭。气体不易堵塞流动通道,用过后可将其随时排入大气中,不污染环境。

① 空气的特性受温度影响小。在高温下能可靠地工作,不会发生燃烧或爆炸,温度变化时,对空气的黏度影响极小,故不会影响传动性能。

② 空气的黏度很小(约为液压油的万分之一),所以流动阻力小,在管道中流动的压力损失较小,所以便于集中供应和远距离输送。

(2) 相对液压传动而言,气动动作迅速、反应快,一般只需 0.02~0.3 s 就可达到工作压力和速度。液压油在管路中的流动速度一般为 1~5 m/s,而气体的最小流速也大于 10 m/s,有时甚至达到音速,排气时达到超音速。

(3) 气体压力具有较强的自保持能力,即使压缩机停机,关闭气阀,但装置中仍然可以维持一个稳定的压力。液压系统要保持压力,一般需要能源泵继续工作或另加蓄能器,而气体通过自身的膨胀性来维持承载缸的压力不变。

(4) 气动元件可靠性高、寿命长。电气元件可运行百万次,而气动元件可运行 2 000~4 000万次。

(5) 工作环境适应性好,特别在易燃、易爆、多尘埃、强磁、辐射、振动等恶劣环境中,比液压、电子、电气传动和控制优越。

(6) 气动装置结构简单、成本低、维护方便、过载能自动保护。

当然,气压传动也存在自身的不足,气压传动的缺点如下:

(1) 因空气的可压缩性较大,气动装置的动作稳定性较差。

(2) 气动装置工作压力低,输出力或力矩受到限制。在结构尺寸相同的情况下,气压传动装置比液压传动装置输出的力小得多。

(3) 气动装置中的信号传动速度比光、电控制速度慢,所以不宜用于信号传递速度要求十分高的复杂线路中。同时实现生产过程的遥控也比较困难,但对一般的机械设备,气动信号的传递速度是能满足工作要求的。

(4) 噪声较大,尤其是在超音速排气时要加消声器。

3) 气动系统的组成

气动系统基本由下列装置和元件组成。

(1) 气源装置。为气动系统的动力源提供压缩空气,包括压缩机、储气罐、后冷却器等。

(2) 空气处理装置。用于调节压缩空气的洁净度及压力,包括过滤器、油雾分离器、减压阀、油雾器、空气净化单元、干燥器等。

(3) 控制元件。主要包括以下几种:

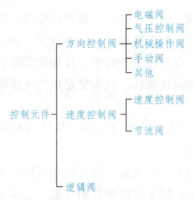

(4) 逻辑元件。用于实现与、或、非等逻辑功能。

(5) 执行元件。用于将压力能转换为机械功,主要包括以下几种:

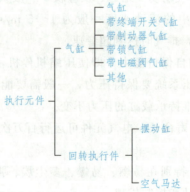

(6) 辅助元件。保证气动装置正常工作的一些元件,包括管子接头、消声器、压力计等。

2. 常用的气动模块与元件

1)气压发生装置

气压发生装置一般指空气压缩站(简称空压站),是为气动设备提供符合要求的压缩空气,是动力源装置。对一般空压站来说,仅有空气压缩机(简称空压机)是不够的,还必须设置后冷却器、储气罐等装置。一般空压站如图 2.5.42 所示。

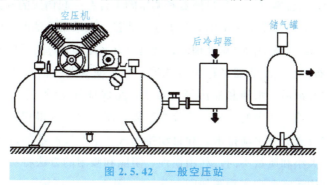

图 2.5.42　一般空压站

空压站的核心装置是空压机,它的作用是将电动机输出的机械能转换成压缩空气的压力能,供给气动系统使用。空压机根据工作原理的不同分为活塞式、膜片式、螺杆式、叶片式等几种,目前使用最广泛的是活塞式。图 2.5.43 所示为两级活塞式空压机工作原理。

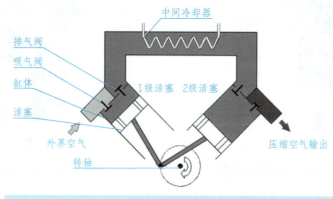

图 2.5.43　两级活塞式空压机工作原理

从图 2.5.43 可以看到活塞式空压机是通过转轴带动活塞在缸体内做往复运动,从而实现吸气和压气,达到提高气压的目的。以图 2.5.43 中的 1 级活塞为例,当活塞向下运动时,缸体内容积增大,需要吸入空气来填充增加的容积,气压下降形成真空,吸气阀打开,将空气吸入缸体;当活塞向上运动时,缸体内容积下降,需要排出空气来适应减少的容积,压力升高,使吸气阀关闭,并让排气阀打开,具有一定压力的压缩空气向 2 级活塞排出,完成一次工作循环。输出的压缩空气在经中间冷却器冷却后,由 2 级活塞进行二次压缩,使压力进一步提高,以满足气动系统使用的需要。

后冷却器的主要作用就是将空压机出口的高压空气冷却至 −40 ℃ 以下,将大量水蒸气和变质油雾冷凝成液态水滴和油滴,从空气中分离出来。

储气罐主要用来储存一定量的压缩空气,调节空压机输出气量不平衡的情况,保证连续、稳定的压缩空气输出，同时它还能在停电或空压机停机等意外事故时作为应急气源，并具有进一步降低压缩空气温度，分离压缩空气中的部分水分和油分的作用。

2) 空气处理元件

压缩空气中含有各种污染物质，这些污染物质降低了气动元件的使用寿命，并且会经常造成元件的误动作和故障。

在气动系统中，由油雾器、空气过滤器和调压阀组合在一起构成的气源调节装置，通常被称为气动三联件，是气动系统中常用的气源处理装置。在采用无油润滑的回路中不需要油雾器，TVT2000G训练装置中的气源处理装置就是只有调压阀和过滤器构成的"二联件"。

(1) 空气过滤器。空气滤清器又称为过滤器、分水滤清器或油水分离器，主要用于除去压缩空气中的固态杂质、水滴和油污等污染物，是保证气动设备正常运行的重要元件。它的作用在于分离压缩空气中的水分、油分等杂质，使压缩空气得到初步净化。空气过滤器按过滤器的排水方式分为手动排水式和自动排水式。空气过滤器的过滤原理是根据固体物质和空气分子的大小和质量不同，利用惯性、阻隔和吸附的方法将灰尘和杂质与空气分离。空气过滤器结构示意图和实物图如图2.5.44、图2.5.45所示。

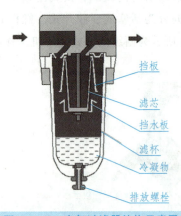

图 2.5.44 空气过滤器结构示意图

图 2.5.45 空气过滤器实物图

(2) 油雾分离器。油雾分离器又称除油滤清器。它与空气滤清器不同之处仅在于所用过滤元件不同。空气滤清器不能分离油泥之类的油雾，原因是当油粒直径小于 $2\sim3~\mu m$ 时呈干态，很难附着在物体上，分离这些微粒油雾需用凝聚式过滤元件，过滤元件的材料有活性炭、用与油有良好亲和能力的玻璃纤维、纤维素等制成的多孔滤芯。油雾分离器如图2.5.46所示。

(3) 空气干燥器。为了获得干燥的空气，只用空气滤清器是不够的，空气中的湿度还是几乎为100%。当湿度下降时，空气中的水蒸气就会变成水滴。为了防止水滴的产生，在很多情况下还需要使用干燥器。干燥器大致可分为冷冻式和吸附式两类。

(4) 油雾器。气动系统中有很多装置都有滑动部分，如气缸体与活塞，阀体与阀芯等。为了保证滑动部分的正常工作，需要润滑，油雾器是提供润滑油的装置。油雾器如图2.5.47所示。

学习模块 5　了解机电产品的典型执行装置

图 2.5.46　油雾分离器

图 2.5.47　油雾器

（5）调压阀。在气动传动系统中，空压站输出的压缩空气的压力一般都高于每台气动装置所需的压力，且其压力波动较大。调压阀的作用是将较高的输入压力调整到符合设备使用要求的压力，并保持输出压力稳定。由于调压阀的输出压力必然小于输入压力，所以调压阀也常被称为减压阀。调压阀在进行调节前，首先应将手柄向上拔起；调节完毕后，应再将手柄按下进行锁定。调压阀结构示意图和实物图如图 2.5.48、图 2.5.49 所示。

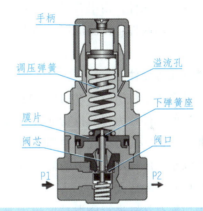

图 2.5.48　调压阀结构示意图

图 2.5.49　调压阀实物图

（6）空气处理装置。空气滤清器、调压阀和油雾器等组合在一起，即称为空气处理装置。空气处理三联件如图 2.5.50 所示。

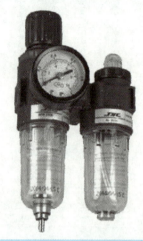

图 2.5.50　空气处理三联件

空气处理三联件（FRL 装置）：空气处理三联件俗称气动三大件，由滤清器、调压阀和油雾器组成。

空气处理双联件：由组合式过滤器减压阀与油雾器组成的空气处理装置。

空气处理四联件：由滤清器、油雾分离器、调压阀和油雾器组成，用于需要优质压缩空气的地方。

3) 气动执行元件

在气动系统中将压缩空气的压力能转换为机械能，驱动工作机构做直线往复运动、摆动或者旋转的元件称为气动执行元件。按运动方式的不同，气动执行元件可以分为气缸、摆动缸和气马达。气动执行元件都采用压缩空气作为动力源，其输出力（或力矩）都不可能很大。气缸是气压传动系统中最常用的一种执行元件，根据使用条件、场合的不同，其结构、形状也有多种形式。

要确切地对气缸进行分类是比较困难的，常见的分类方法有按结构分类、按缸径分类、按缓冲形式分类、按驱动方式分类和按润滑方式分类。最常用的是普通气缸，即在缸筒内只有一个活塞和一根活塞杆的气缸，主要有单作用气缸和双作用气缸两种。

（1）单作用气缸。如图 2.5.51 所示的单作用气缸只在活塞一侧可以通入压缩空气，使其伸出或缩回，另一侧是通过呼吸孔开放在大气中的。这种气缸只能在一个方向上做功。活塞的反向动作则靠一个复位弹簧或施加外力来实现。由于压缩空气只能在一个方向上控制气缸活塞的运动，所以称为单作用气缸。

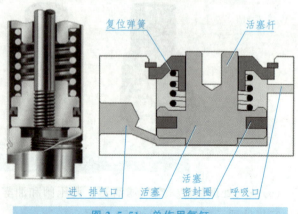

图 2.5.51　单作用气缸

单作用气缸的特点是：

①由于单边进气，因此结构简单，耗气量小。

②缸内安装了弹簧，增加了气缸长度，缩短了气缸的有效行程，其行程受弹簧长度限制。

③借助弹簧力复位，压缩空气的能量有一部分用来克服弹簧张力，减小了活塞杆的输出力。输出力的大小和活塞杆的运动速度在整个行程中随弹簧的变形而变化。

单作用气缸多用于行程较短以及对活塞杆输出力和运动速度要求不高的场合，如图2.5.52所示。

图 2.5.52　单作用气缸

(2)双作用气缸。双作用气缸活塞的往返运动是依靠压缩空气从缸内被活塞分隔开的两个腔室(有杆腔、无杆腔)交替进入和排出来实现的，压缩空气可以在两个方向上做功。由于气缸活塞的往返运动全部靠压缩空气来完成，所以称为双作用气缸，如图2.5.53所示。

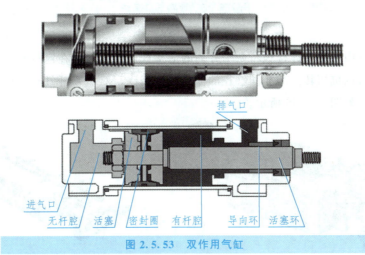

图 2.5.53　双作用气缸

由于没有复位弹簧，双作用气缸可以实现更长的有效行程和稳定的输出力。但双作用气缸是利用压缩空气交替作用于活塞上实现伸缩运动的，由于回缩时压缩空气有效作用面积较小,所以产生的力要小于伸出时产生的推力。双作用气缸如图 2.5.54 所示。

图 2.5.54 双作用气缸

(3)导向气缸。导向气缸一般由一个标准双作用气缸和一个导向装置组成。其特点是结构紧凑、坚固,导向精度高并能抗扭矩,承载能力强。导向气缸的驱动单元和导向单元被封闭在同一外壳内,并可根据具体要求选择安装滑动轴承或滚动轴承支承,其结构如图 2.5.55 所示。

图 2.5.55 导向气缸结构

在导向气缸中,通过连接板将两个并列的活塞杆连接起来,在定位和移动工具或工件时,这种结构可以抗扭转。与相同缸径的标准气缸相比,双活塞杆气缸可以获得两倍的输出力,导向气缸如图 2.5.56 所示。

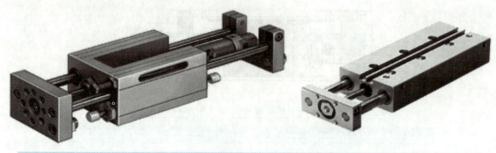

图 2.5.56 导向气缸

(4)气动手指(气爪)。气动手指可以实现各种抓取功能,是现代气动机械手中一个重要部件。气动手指的主要类型有平行气动手指、摆动气动手指、旋转气动手指和三点气动手指等。气动手指能实现双向抓取、对中,并可安装无接触式位置检测元件,有较高的重复精度。

平行气动手指通过两个活塞工作。通常让一个活塞受压,另一活塞排气实现手指移动。平行气动手指的手指只能轴向对心移动,不能单独移动一个手指,如图 2.5.57 所示。

图 2.5.57　平行气动手指

(5)摆动气缸。摆动气缸是利用压缩空气驱动输出轴在小于 360°的角度范围内做往复摆动的气动执行元件,多用于物体的转位、工件的翻转、阀门的开闭等场合。摆动气缸按结构特点分为齿轮齿条式、叶片式两大类。

齿轮齿条式摆动气缸利用气压推动活塞带动齿条做往复直线运动,齿条带动与之啮合的齿轮做相应的往复摆动,并由齿轮轴输出转矩。这种摆动气缸的回转角度不受限制,可超过 360°(实际使用一般不超过 360°),但不宜太大,否则齿条太长不合适。齿轮齿条式摆动气缸有单齿条和双齿条两种结构,其结构和产品实物如图 2.5.58、图 2.5.59 所示。

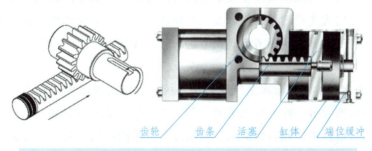

图 2.5.58　齿轮齿条式摆动气缸的结构

图 2.5.59　齿轮齿条摆动气缸实物

叶片式摆动气缸是利用压缩空气作用在装在气缸腔体内的叶片来带动回转轴实现往复摆动的。压缩空气作用在叶片的一侧，叶片另一侧排气，叶片就会带动转轴向一个方向转动；改变气流方向就能实现叶片反向转动。叶片式摆动气缸具有结构紧凑、工作效率高的特点，常用于工件的分类、翻转、夹紧。

叶片式摆动气缸可分为单叶片式和双叶片式两种。单叶片式输出轴转角大，可以实现小于360°的往复摆动；双叶片式输出轴转角小，只能实现小于180°的摆动。通过挡块装置可以对摆动缸的摆动角度进行调节。为便于角度调节，马达背面一般装有标尺。单叶片式摆动气缸如图2.5.60所示。

图 2.5.60　单叶片式摆动气缸

4) 气缸运动速度控制元件

在很多气动设备或气动装置中执行元件的运动速度都应是可调节的。气缸工作时，影响其活塞运动速度的因素有工作压力、缸径和气缸所连气路的最小截面面积。从流体力学的角度看，流量控制就是在管路中制造局部阻力，通过改变局部阻力的大小来控制流量的大小。通过选择小通径的控制阀或安装节流阀可以降低气缸活塞的运动速度。通过增加管路的流通截面或使用大通径的控制阀以及采用快速排气阀等方法都可以在一定程度上提高气缸活塞的运动速度。其中使用节流阀调节进入气缸或气缸排出的空气流量来实现速度控制是气动回路中最常用的速度调节方式。

(1) 单向节流阀。单向节流阀是气压传动系统最常用的速度控制元件，也称为速度控制阀，它是由单向阀和节流阀并联而成的。节流阀只在一个方向上起流量控制的作用，相反方向的气流可以通过单向阀自由流通。利用单向节流阀可以实现对执行元件每个方向上的运动速度的单独调节。

如图2.5.61所示，压缩空气从单向节流阀的左腔进入时，单向密封圈被压在阀体上，空气只能从由调节螺母调整大小的节流口通过，再由右腔输出。此时单向节流阀对压缩空气起到调节流量的作用。当压缩空气从右腔进入时，单向密封圈在空气压力的作用下向上翘起，气体不必通过节流口而直接流至左腔并输出。此时单向节流阀没有节流作用，压缩空气可以自由流动。一般在单向节流阀的调节螺母下方还装有一个锁紧螺母，用于流量调节完成后的锁定。

单向节流阀如图2.5.62所示。

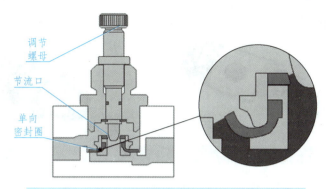

图 2.5.61　单向节流阀工作原理

图 2.5.62　单向节流阀

(2)进气节流与排气节流。根据单向节流阀在气动回路中连接方式的不同,速度控制方式分为进气节流速度控制方式和排气节流速度控制方式。进气节流指的是压缩空气经节流阀调节后进入气缸,推动活塞缓慢运动;气缸排出的气体不经过节流阀,通过单向阀自由排出。排气节流指的是压缩空气经单向阀直接进入气缸,推动活塞运动;而气缸排出的气体则必须通过节流阀受到节流后才能排出,从而使气缸活塞的运动速度得到控制。

采用进气节流进行速度控制,活塞上微小的负载波动都会导致气缸活塞速度的明显变化,气运动速度稳定性较差;当负载的方向与活塞运动方向相同(负值负载)时,可能会出现活塞不受节流阀控制的前冲现象;当活塞杆碰到阻挡或到达极限位置而停止后,其工作腔受到的节流压力逐渐上升到系统最高压力,利用这个过程可以很方便地实现压力顺序控制。

采用排气节流进行速度控制,气缸排气腔由于排气受阻形成背压。排气腔形成的这种背压,减小了负载波动对速度的影响,提高了运动的稳定性,因而排气节流成为最常用的调速方式;在负值负载时,排气节流由于有背压的存在,阻止了活塞的前冲;但活塞运动停止后,气缸进气腔由于没有节流压力迅速上升,排气腔压力在节流作用下逐渐下降到零,利用这一过程来实现压力控制比较困难,而且可靠性差一般也不被采用。

5)缓冲器

对于运动件质量大、运动速度很高的气缸,如果气缸本身的缓冲能力不足,气缸端盖和设备会受到损害,为避免这种损害,应在气缸外部另外设置缓冲器来吸收冲击能。缓冲器如图 2.5.63 所示。

图 2.5.63 缓冲器

6) 控制元件

(1) 电磁换向阀。用于通断气路或改变气流方向，从而控制气动执行元件启动、停止和换向的元件称为方向控制阀。方向控制阀主要有单向阀和换向阀两种。用于改变气体通道，使气体流动方向发生变化从而改变气动执行元件的运动方向的元件称为换向阀。换向阀按操控方式分主要分为人力操纵控制、机械操纵控制、气压操纵控制和电磁操纵控制四类。

电磁换向阀是利用电磁线圈通电时所产生的电磁吸力使阀芯改变位置来实现换向的，简称为电磁阀。电磁阀能够利用电信号对气流方向进行控制，因而气压传动系统可以实现电气控制，是气动控制系统中最重要的元件。

① 直动式电磁换向阀。直动式电磁换向阀是利用电磁线圈通电时，静铁芯对动铁芯产生的电磁吸力直接推动阀芯移动实现换向的，其结构如图 2.5.64 所示。

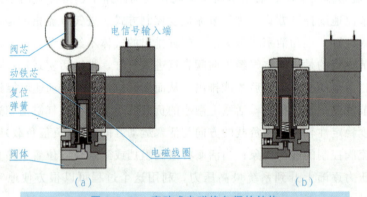

图 2.5.64 直动式电磁换向阀的结构
(a) 换向前；(b) 换向后

② 先导式电磁换向阀。直动式电磁换向阀阀芯的换向行程受电磁吸合行程的限制，只适用于小型阀。先导式电磁换向阀则是由直动式电磁阀(导阀)和气控换向阀(主阀)两部分构成。其中直动式电磁阀在电磁先导阀线圈得电后，导通产生先导气压。先导气压再来推动大型气控换向阀阀芯动作，实现换向，其结构如图 2.5.65 所示。

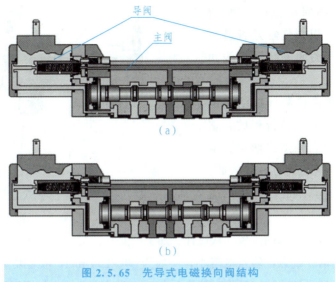

图 2.5.65 先导式电磁换向阀结构
(a)换向前；(b)换向后

单向电控阀用来控制气缸单方向运动，实现气缸的伸出、缩回运动。与双向电控阀区别在双向电控阀初始位置是任意的，可以随意控制两个位置，而单控阀初始位置是固定的，只能控制一个方向，如图 2.5.66 所示。

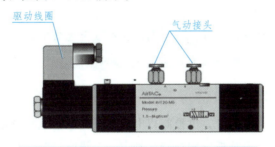

图 2.5.66 单向电控阀

双向电控阀用来控制气缸进气和出气，从而实现气缸的伸出、缩回运动。电控阀内装的红色指示灯有正负极性，如果极性接反了也能正常工作，但指示灯不会亮，双向电控阀如图 2.5.67 所示。

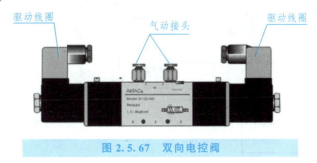

图 2.5.67 双向电控阀

(2)磁性开关。气缸的正确运动使物料分到相应的位置，只要交换进出气的方向就能改变气缸的伸出(缩回)运动,气缸两侧的磁性开关可以识别气缸是否已经运动到位,磁性开关的安装和接线如图 2.5.68 所示。

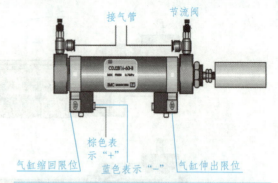

图 2.5.68 磁性开关的安装和接线

磁性开关是用来检测气缸活塞位置的,即检测活塞的运动行程的。它可分为有触点式和无触点式两种。本装置上用的磁性开关均为有触点式的。它通过机械触点的动作进行开关的通(ON)断(OFF)。

用磁性开关来检测活塞的位置,从设计、加工、安装、调试等方面,都比使用其他限位开关方式简单、省时。优点:触点电阻小,一般为 50~200 mΩ,吸合功率小,过载能力较差,只适合低压电路;响应快,动作时间为 1.2 ms;耐冲击,冲击加速度可达 300 m/s^2,无漏电流存在。使用注意事项:

①安装时,不得让开关受过大的冲击力,如将开关打入、抛扔等。

②不要把连接导线与动力线(如电动机等)、高压线并在一起。

③磁性开关不能直接接到电源上,必须串接负载,同时负载绝不能短路,以免烧坏开关。

④带指示灯的有触点磁性开关,当电流超过最大电流时,发光二极管会损坏;若电流在规定范围以下,发光二极管会变暗或不亮。

3. 单气缸控制回路实例

当手爪由单向电控阀控制时,电控阀得电后手爪夹紧,电控阀断电后手爪张开。当手爪由双向电控阀控制时,手爪抓紧和松开分别由一个线圈控制,在控制过程中不允许两个线圈同时得电。图 2.5.69 所示为气动手爪控制回路。

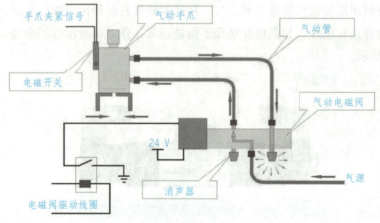

图 2.5.69 气动手爪控制回路

2.5.9 常用的机械传动装置

机械传动装置的主要功用是将一根轴的旋转运动和动力传给另一根轴,并且可以改变转速的大小和转动的方向。常用的机械传动装置有皮带传动、齿轮传动、链传动、蜗轮蜗杆传动、螺旋传动等。

2.5.9.1 皮带传动

皮带传动是由主动轮、从动轮和张紧在两轮上的皮带组成的。由于张紧,在皮带和皮带轮的接触面间产生了压紧力,当主动轮旋转时,借摩擦力带动从动轮旋转,这样就把主动轴的动力传给从动轴。皮带传动分为平皮带传动和三角皮带传动。

1. 皮带传动的工作原理和速比

(1)皮带传动的工作原理。皮带传动是用挠性传动带作中间体而靠摩擦力工作的一种传动,如图 2.5.70 所示。

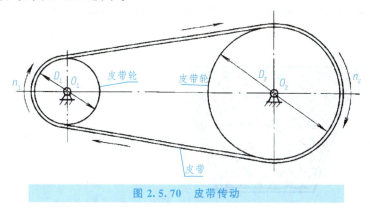

带传动演示

图 2.5.70 皮带传动

(2)皮带传动的速比。皮带传动的速比计算公式为

$$i = n_1/n_2 = D_2/D_1$$

上式表明,皮带传动中的两轮转速与带轮直径成反比。

2. 皮带传动的特点和类型

1)皮带传动的特点

(1)可用于两轴距离较远的传动(最大中心距可达 40 m)。

(2)皮带本身具有弹性,因而可以缓和冲击与振动,使传动平稳且无噪声。

(3)当机器过载时,皮带会在轮上打滑,能对机器起到保护作用。

(4)结构简单、成本低,安装维护方便,皮带损坏后容易更换。

(5)结构不够紧凑。

(6)不能保证准确的传动速比。

(7) 由于需要施加张紧力，所以轴及轴承受到的不平衡径向力较大。

(8) 皮带的寿命较短。

2) 皮带的类型

生产中使用的皮带，有平带、V带、圆带、同步齿形带等类型（图 2.5.71），以平带和 V 带使用最多。

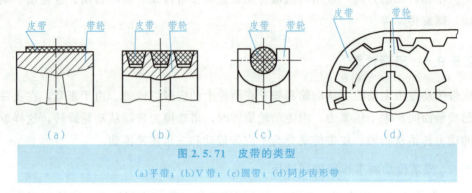

图 2.5.71 皮带的类型

(a) 平带；(b) V 带；(c) 圆带；(d) 同步齿形带

下面主要介绍 V 带传动。

(1) V 带的结构和型号。V 带是一种无接头的环形带，其横截面的结构如图 2.5.72 所示。

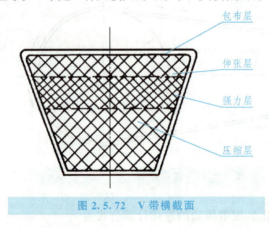

图 2.5.72 V 带横截面

我国生产的普通 V 带共分为 Y、Z、A、B、C、D、E 七种型号。Y 型 V 带的截面面积最小，E 型的截面面积最大。

V 带的节线长度为基准长度，以 L_d 表示。

在进行 V 带传动计算和选用时，可先按下列公式计算基准长度 L_d 的近似值 L_d'：

$$L_d' = 2a + p(D_1 + D_2)/2 + (D_1 - D_2)/4a$$

式中　a——主、从带轮的中心距；

D_1、D_2——主、从带轮的基准直径（与基准长度相对应的带轮直径）。

(2) 带轮的结构。带轮由轮缘、轮辐和轮毂三部分组成，如图 2.5.73 所示。带轮的轮辐部分有实心、辐板（或孔板）和椭圆轮辐三种形式。

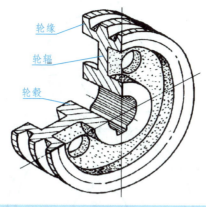

图 2.5.73 V 带传动的带轮

3. 皮带传动的张紧装置

以 V 带传动为例,其常用的张紧装置有调距张紧装置(图 2.5.74、图 2.5.75)和张紧轮张紧两种结构。

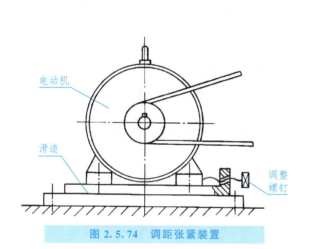

图 2.5.74 调距张紧装置　　图 2.5.75 自动张紧装置

2.5.9.2 齿轮传动

齿轮传动由分别安装在主动轴及从动轴上的两个齿轮相互啮合而成,如图 2.5.76 所示。齿轮传动是应用最多的一种传动形式,它有如下特点:

(1) 能保证传动比稳定不变。
(2) 能传递很大的动力。
(3) 结构紧凑、效率高。
(4) 制造和安装的精度要求较高。
(5) 当两轴间距较大时,采用齿轮传动就比较笨重。

斜齿轮传动演示

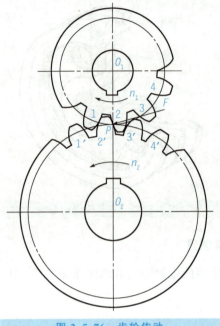

锥齿轮传动演示

图 2.5.76　齿轮传动

齿轮的种类很多，按其外形可分为圆柱齿轮和圆锥齿轮两大类。

圆柱齿轮的外形呈圆柱形，轮齿分布在圆柱体的表面上，按照轮齿与齿轮轴的相对位置，圆柱齿轮又分为直齿圆柱齿轮、斜齿圆柱齿轮和人字形齿轮，圆柱齿轮多用于外啮合齿轮传动，也可以用作内啮合传动和齿轮齿条传动。

圆锥齿轮又叫伞齿轮，其轮齿分布在圆锥体表面上，常用于相交轴之间的运动，轴线夹角可以是任意的，但最常见的是 90°。

一对齿轮的传动比按下式计算：

$$i = n_1/n_2 = z_2/z_1$$

式中　n_1、n_2——主动轮和从动轮转速，r/min；

　　　z_1、z_2——主动轮和从动轮的轮齿数。

按照两轴相对位置的不同，齿轮传动可分为三大类，即两轴平行的齿轮传动、两轴相交的齿轮传动以及两轴相错的齿轮传动。

按照防护方式的不同，齿轮传动又可分为开式传动和闭式传动。

齿轮传动广泛用于各种机械中，既用于传递动力，又用于传递运动。

2.5.9.3　链传动

链传动由两个具有特殊齿形的齿轮和一条闭合的链条组成，工作时主动链轮的齿与链条的链节相啮合带动与链条相啮合的从动链轮传动，如图 2.5.77 所示。

链传动的特点如下：
(1) 能保证较精确的传动比（和皮带传动相比较）。
(2) 可以在两轴中心距较远的情况下传递动力（与齿轮传动相比）。
(3) 只能用于平行轴间传动。
(4) 链条磨损后，链节变长，容易出现脱链现象。

链条传动主要用于传动比要求较准确、两轴相距较远且不宜采用齿轮的地方。链传动的传动比计算与齿轮传动相同。

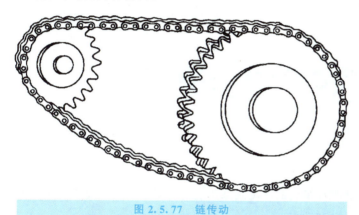

链传动演示

图 2.5.77 链传动

2.5.9.4 蜗轮蜗杆传动

蜗轮蜗杆传动用于两轴交叉成 90°但彼此既不平行又不相交的情况，通常在蜗轮蜗杆传动中，蜗杆是主动件，而蜗轮是被动件。

蜗轮蜗杆传动有如下特点：
(1) 结构紧凑并能获得很大的传动比。
(2) 工作平稳无噪声。
(3) 传动功率范围大。
(4) 可以自锁。
(5) 传动效率低，蜗轮常需用有色金属制造。蜗杆的螺旋有单头与多头之分。

传动比的计算公式为

$$i = n_1/n_2 = z_2/z_1$$

式中　n_1——蜗杆的转速；
　　　n_2——蜗轮的转速；
　　　z_1——蜗杆头数；
　　　z_2——蜗轮的齿数。

蜗轮蜗杆传动如图 2.5.78 所示。

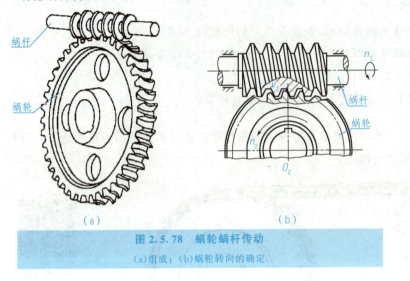

蜗杆蜗轮传动演示

图 2.5.78　蜗轮蜗杆传动
(a)组成；(b)蜗轮转向的确定

2.5.9.5　螺旋传动

螺旋传动是利用螺杆和螺母组成的螺旋副来实现传动要求的，主要作用是将回转运动变为直线运动，同时传递运动和动力。

螺旋传动可分为以下几类：

(1)传力螺旋。➡ 以传递动力为主，要求以较小的转矩产生较大的轴向推力，用于克服工作阻力，如各种起重或加压装置的螺旋。这种螺旋传动承受很大的轴向力，一般为简化工作，每次工作时间较短，工作速度也不高。

(2)传导螺旋。➡ 以传递运动为主，有时也承受较大的轴向荷载，如机床进给机构的螺旋等。传导螺旋主要在较长的时间内连续工作，工作速度较高，因此，要求具有较高的传动精度。

(3)调整螺旋。➡ 可以调整、固定零件的相对位置，如机床、仪器及测试装置中的微调机构的螺旋。调整螺旋不经常转动，一般在空载下调整。

螺旋传动具有传动精度高、工作平稳无噪声，易于自锁，能传递较大的动力等特点。

学习任务

步骤一　查阅相关资料

以小组（5～8人为宜）为单位，查阅相关资料或网络资源，学习以下相关知识，并进行案例收集。

（1）机械装调技术实际应用案例。

（2）传感器检测技术在实际生活中的运用实例。

（3）接口技术在实际生活中的应用实例。

（4）机电产品中常用控制技术的应用实例。

（5）典型执行装置应用实例。

步骤二　完成任务记录

小组间进行交流与学习，梳理知识内容，完成相关技术任务。

（1）调研记录常用电动工具，了解其使用方法。

（2）了解装配顺序，记录装配顺序的步骤。

（3）了解传感器的组成，记录组成框图。

（4）了解传感器在生产生活中的应用实例，记录5个例子。

（5）了解并记录接口技术的含义，在生活中找两个接口技术的应用实例记录下来。

（6）了解机电产品中常用的控制技术，并记录主要技术。

（7）了解机电产品的典型执行装置，并通过互联网查找相关执行装置案例。

学习评价

序号	评价指标	评价内容	分值	学生自评	小组评分	教师评分	合计
1	职业素养	劳动纪律，职业道德	10				
2		积极参加任务活动，按时完成工作任务	10				
3		团队合作，交流沟通能力，能合理处理合作中的问题和冲突	10				
4		爱岗敬业，安全意识，责任意识	10				
5		能用专业的语言正确、流利地展示成果	10				

续表

序号	评价指标	评价内容	分值	学生自评	小组评分	教师评分	合计
6	专业能力	了解机电装调技术的基础知识	10				
7		熟悉常用的传感器、了解传感器的选用	10				
8		了解常见的接口技术和发展趋势	10				
9		掌握几种重要的机电产品控制技术	10				
10		掌握机电产品的典型执行装置的构成	10				
11	创新能力	创新思维和行动	20				
		总 分	120				
教师签名：				学生签名：			

问题记录和解决方法	记录任务实施中出现的问题和采取的解决方法

单元小结

1. 机械装调技术

机电一体化系统中设备装调基础知识主要包括：装配的概念、生产类型及组织形式、装配的工艺过程、装配顺序的安排原则、装配精度、装配工作的相关组成等内容。

机电一体化设备主要机械部件的装调技术要掌握装配时常用的工具使用、螺纹连接装配、键连接装配、销连接装配、管道连接装配、过盈连接装配、轴承装配等基础知识。

2. 传感检测技术

1) 传感器的定义和组成

传感器是一种能感受规定的被测量，并按照一定的规律转换成可用的输出信号的器件或装置。传感器通常由敏感元件、传感元件及测量转换电路三部分组成。

2)传感器的分类

常用的分类方法有以下三种。

(1)按传感器的物理量分类:可分为位移、力、速度、加速度、温度、流量、气体成分、流速等传感器。

(2)按传感器工作原理分类:可分为电阻、电容、电感、电压、霍尔、光电、光栅、热电偶等传感器。

(3)按传感器输出信号的性质分类:可分为输出量为开关量("1"和"0"或"开"和"关")的开关型传感器、输出为模拟型传感器和输出为脉冲或代码的数字型传感器。

3)传感器发展趋势

传感器的集成化、传感器的多功能化、传感器的智能化。

3. 接口技术

在机电一体化产品和系统中,"接口技术"是指系统中各个器件及计算机间的连接技术。

接口的功能可分为以下三种:(1)变换;(2)放大;(3)传递。

接口的分类:

(1)根据接口的变换和调整功能特征分类:零接口、被动接口、主动接口、智能接口。

(2)根据接口的输入/输出功能的性质分类:信息接口(软件接口)、机械接口、物理接口、环境接口。

(3)按照所联系的子系统不同分类:以控制微机(微电子系统)为出发点,将接口分为人机接口与机电接口两大类。

4. 机电产品的常用控制技术

1)单片机控制术

单片机系统设计主要包括以下几个方面的内容:控制系统总体方案设计,包括系统的要求、控制方案的选择以及工艺参数的测量范围等;选择各参数检测元件及变送器;建立数学模型及确定控制算法;选择单片机;系统硬件设计、系统软件设计。要进行单片机系统设计首先必须具有一定的硬件基础知识;其次,需要具有一定的软件设计能力,能够根据系统的要求,灵活地设计出所需要的程序;第三,具有综合运用知识的能力。

2)PLC控制技术

PLC控制系统的硬件主要由CPU模块、输入模块、输出模块、编程器和电源单元组成,有的PLC还可以配备特殊功能模块,用来完成某些特殊的任务。

根据PLC的组成,按结构形状,PLC可分为整体式和机架模块式两种。

按PLC的I/O点数和程序容量分类,大体可分为:大、中、小三个等级。

PLC在国内外已广泛应用于钢铁、石油、化工、电力、建材、机械制造、汽车、轻纺、交通运输、环保及文化娱乐等各个行业,主要应用包括:开关量的逻辑控制、模拟量控制、运动控制、过程控制、数据处理、通信及联网。

3)工控机

工控机(Industrial Personal Computer,IPC)即工业控制计算机,是一种采用总线结构,是对生产过程及机电设备、工艺装备进行检测与控制的工具的总称。

工控机的主要类别有：IPC(PC总线工业电脑)、PLC(可编程控制系统)、DCS(分散型控制系统)、FCS(现场总线系统)及CNC(数控系统)五种。

工业控制软件系统主要包括系统软件、工控应用软件和应用软件开发环境等三大部分。

5. 机电产品的典型执行装置

1) 常见的执行装置

执行装置就是"按照电信号的指令,将来自电、液压和气压等各种能源的能量转换成旋转运动、直线运动等方式的机械能的装置"。

按利用的能源分类,可将执行装置大体上分为电动执行装置、液压执行装置和气动执行装置。

执行装置的基本动作原理：直流电动机等电动执行装置,都是由电磁力来产生直线驱动力和旋转驱动力矩的,基本工作原理相同。

2) 三相交流异步电动机的控制与调速

三相异步电动机主要由定子和转子构成,定子是静止不动的部分,转子是旋转部分,在定子与转子之间有一定的间隙。

三相异步电动机的主要参数包括额定频率、额定电压、额定功率、额定转矩、额定电流、额定转速、绝缘等级等。

三相异步电动机的定子绕组是一个空间位置对称的三相绕组,如果在定子绕组中通入三相对称交流电,就会在电动机内部建立起一个恒速旋转的磁场,称为旋转磁场。

3) 伺服控制技术

伺服系统的结构一般来说,其基本组成可包含控制器、功率放大器、执行机构和检测装置等四大部分。

伺服系统的分类：

(1) 根据使用能量的不同,可以将伺服驱动系统分为电气式、液压式和气压式等几种类型。

(2) 按控制方式划分,可分为开环伺服系统和闭环伺服系统。

常见的伺服系统：直流伺服系统、交流伺服系统、步进电动机控制系统。

4) 气动与液压技术

液压与气压传动的基本工作原理非常相似,在气、液传动系统中,执行元件在控制元件的控制下将传动介质(压缩空气或液压油)的压力能转换为机械能,从而实现对执行机构运动的控制。

一个完整的气动或液压系统主要由以下几部分构成：能源部件、控制元件、执行元件和辅助装置。

气、液压传动的特点。

优点：

(1) 在液压与气动系统中执行元件的速度、转矩、功率均可做无级调节,且调节简单、方便。

(2) 气、液压系统中，气、液体的压力、流量和方向控制容易。与电气控制相配合，可以方便地实现复杂的自动工作过程的控制和远程控制。

(3) 气动系统过载时不会发生危险，液压系统则有良好的过载保护，安全性高。

(4) 气压传动工作介质用之不尽，取之不竭，且不易污染。

(5) 压缩空气没有爆炸和着火危险，因此不需要昂贵的防爆设施。

(6) 压缩空气由管道输送容易，而且由于空气黏性小，在输送时压力损失小，可进行远距离压力输送。

(7) 在相同功率的情况下，液压传动装置的体积小，重量轻，惯性小，结构紧凑。

(8) 液压传动输出力大，通过液压泵很容易就可以得到有很高压力(20～30 MPa)的液压油，把此压力油送入油缸后即可产生很大的输出力，可达 700～3 000 N/cm^2。

(9) 液压传动的传动介质是液压油，能够自动润滑，元件的使用寿命长。

缺点：

(1) 由于泄漏及气体、液体的可压缩性，使气、液压传动无法保证严格的传动比，这一缺点在气动系统中尤为明显。

(2) 气压传动传递的功率较小，气动装置的噪声也大，高速排气时要加消声器。

(3) 由于气动元件对压缩空气要求较高，为保证气动元件正常工作，压缩空气必须经过良好的过滤和干燥。

(4) 相对于电信号气动控制远距离传递信号的速度较慢，不适用于需要高速传递信号的复杂回路。

(5) 液压传动常因有泄漏而易造成环境污染。另外油液易被污染，从而影响系统工作的可靠性。

(6) 液压元件制造精度要求高，加工、装配比较困难，使用维护要求严格，在工作过程中发生故障不易诊断。

(7) 在液压系统中油液混入空气后，易引起液压系统爬行、振动和噪声，使系统的工作性能受影响并缩短元件使用寿命。

(8) 液压系统中由于油液具有黏性，采用油管传输压力油，压力损失较大，所以不宜进行远距离输送。

5) 常用的机械传动装置

机械传动装置的主要功用是将一根轴的旋转运动和动力传给另一根轴，并且可以改变转速的大小和转动的方向。常用的机械传动装置有带传动、链传动、齿轮传动和蜗轮蜗杆传动等。

机电一体化系统中对机械传动装置的基本要求：高精度、小惯量、大刚度、快速响应性、良好的稳定性。

学习单元 2　了解机电产品的主要制造技术

单元检测

一、简答题

1. 什么是装配？请说明装配的基本工艺步骤。
2. 生产类型可以分为哪几类，这几种类别各有什么特点？
3. 装配的工艺规程有哪些主要内容？
4. 机械装调用到了很多工具，请对主要用到的工具进行简单的介绍。
5. 轴是机械中的重要零件，在轴的装配中有哪些注意事项？
6. 什么是传感器？它由哪些部分组成？
7. 接近开关常用的有哪几种？分别用于检测什么物体？
8. 请谈谈光电开关是如何实现感应式自来水笼头自动出水的。
9. 如果要进行水箱的液位高度测量，应选用哪种接近开关？请画出结构简图。
10. 如果要检测金属齿轮的转速，应选用哪种接近开关？请说明理由。
11. 接口技术的含义是什么？
12. 根据接口的功能和所涉及的信息类型、格式以及信息交换的速度，具体的接口技术可以分为哪几种？
13. 串行接口和并行接口有什么区别？
14. 模数转换器的主要性能参数有哪些？
15. 数模转换器的主要性能参数有哪些？
16. 一个独立的单片机核心系统，一般由几个部分组成？
17. 单片机控制系统的调试分为几个步骤？
18. 可编程控制器是怎样定义的？
19. PLC 是怎么进行分类的？
20. 什么是工控机？工控机是怎么分类的？
21. 常见执行装置机构由哪几部分组成，各部分的作用是什么？

二、分析题

1. 根据接口的功能和所涉及的信息类型、格式以及信息交换的速度，分析具体的接口技术可以分为哪几种。
2. 例举出一个常见的执行装置，综合分析它的工作过程。

三、综合题

1. 如果要进行水箱的液位高度测量，应选用哪种接近开关？请画出结构简图。
2. 请谈谈光电开关是如何实现感应式自来水笼头自动出水的。

学习单元 3

机电产品与系统的应用与维护

知识图谱

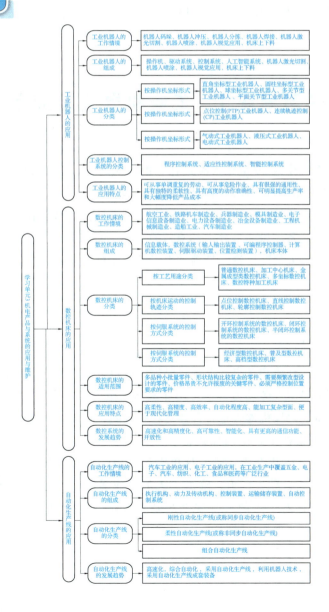

学习单元 3　机电产品与系统的应用与维护

学习目标

（1）建立机电技术学习的严谨思维方式，明确整体与部分的关系，各工作单元如果不能正常工作，会影响系统整体的运行。

（2）强化爱岗敬业、安全意识、责任意识，培育振兴中国机电一体化技术的时代责任感与担当。

（3）发挥团队成员的作用，实现同学间互相配合。提升团队合作、交流沟通能力，能合理处理合作中的问题。

（4）掌握典型的机电一体化设备的工作原理及使用的各项技术。

（5）通过典型装置的系统分析，具备识别、分析相关技术在系统整体中的作用。

（6）能够分析机电一体化设备的整体性能，了解改进性能的基本方法。

学习模块 1　工业机器人及应用

机器人技术与系统作为 20 世纪人类最伟大的发明之一，自 20 世纪 60 年代初问世以来，经历了 50 多年的发展，已取得实质性的进步和成果。

在传统的制造生产领域，工业机器人经过诞生、成长、成熟期后，已成为制造业中不可缺少的核心自动化装备，目前世界上约有近百万台工业机器人正在各种生产现场工作。本模块将围绕工业机器人展开讨论，带领学生了解工业机器人的基本知识。

工作情境

1. 机器人码垛

包装的种类、工厂环境和客户需求等将码垛变成包装工厂里一个头痛的难题，选用码垛机器人最大的优势是解放劳动力，一台码垛机器人至少可以代替三四个工人同时工作，大大削减了人工成本。码垛机器人是将包装货物整齐的、自动的码垛，在末端执行器安装有机械接口，可以更换抓手，使码垛机器人应用在更多的场合，其应用在工业生产和立体化仓库，能发挥更大的作用。码垛机器人的使用无疑会大大地提高生厂力，降低工人的工作强度，在个别恶劣的工作环境下还对工人的人身安全起到有效保障的作用。工业码垛机器人的工作原理你知道吗？

工业码垛机器人的应用

图 3.1.1 机器人码垛系统工作场景

2. 机器人冲压

冲压机器人能代替人工作业的繁琐重复劳动以实现生产的机械全自动化,能在不同的环境下高速运作还能确保人身安全,因而广泛应用于机械制造、冶金、电子、轻工和原子能等行业。这些行业利用冲压机器人生产商品的效率会大大提高,从而带来更高的利润。机械手全自动化解决方案:节省人力物力,降低企业在生产过程中的成本。取出生产好的产品放置在输送带或承接台上传送到指定目标地点,只要一人管理或一人同时看两台甚至更多台注塑机,可大大节省人工,节约人工工资成本,做成自动流水线更能节省厂地的使用范围。

工业机器人冲压的应用

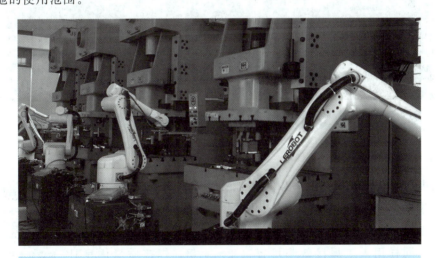

图 3.1.2 机器人冲压系统工作场景

3. 机器人分拣

分拣工作是内部物流最复杂的一环,往往人工工时耗费最多。自动分拣机器人能够实现 24 小时不间断分拣；占地面积小，分拣效率高，可减少 70％人工；精准、高效，提升工作效率，降低物流成本。高精密机器视觉分拣系统，就是此类机器人的应用。

机器人高速分拣可以在快速流水线作业中准确跟踪传送带的速度，通过视觉智能识别物体的位置、颜色、形状、尺寸等，并按照特定的要求进行装箱、分拣、排列等工作，以其快速灵活的特点大大提高了企业生产线的效率，降低了企业的运营成本。其系统性能包括：

（1）支持 RS232/485、TCP/IP 自定义通信。

（2）支持 EtherCAT、Modbus 485、Modbus TCP 标准总线通信。

（3）运动控制模块负责机器运动学、路径规划等算法的处理及运动控制。

（4）视觉模块包含视觉标定、模版匹配、图像处理。

（5）跟踪模块匹配视觉处理结果和外部输送线运行情况，进行动态跟踪，实现机器与视觉的无缝对接。

图 3.1.3　机器人分拣系统工作场景

4. 机器人焊接

采用机器人进行焊接作业可以极大地提高生产效益和经济效率；焊接的参数对焊接结果起到决定性作用，人工焊接时，速度、干伸长等都是变化的。机器人的移动速度快，可达 3m/s，甚至更快，采用机器人焊接比同样用人工焊接效率可提高 2～4 倍，焊接质量优良且稳定。

垃圾分类机器人应用

图 3.1.4 机器人焊接系统工作场景

5. 机器人激光切割

激光切割时利用工业机器人灵活快速的工作性能，根据客户切割加工工件尺寸的大小不同，可以选择机器人正装或者倒装，对不同产品进行示教编程或者离线编程，机器人的第六轴装载光纤激光切割头对不规则工件进行三维切割。加工成本低廉，设备虽然一次性投入较贵，但连续的，大量的加工最终使每个工件的综合成本降低下来。

6. 机器人喷涂

喷涂机器人又叫喷漆机器人，是可进行自动喷漆或喷涂其他涂料的工业机器人。智能涂装机器人属于喷涂机器人的一种。

喷涂机器人精确地按照轨迹进行喷涂，无偏移并完美地控制喷枪的启动。确保指定的喷涂厚度，偏差量控制在最小。喷涂机器人喷涂能减少喷涂和喷剂的浪费，延长过滤寿命，降低喷房泥灰含量，显著加长过滤器工作时间，减少喷房结垢。输送级别提高 30%！

7. 机器人视觉应用

机器人视觉技术是把机器视觉加入到工业机器人应用系统中，相互协调完成相应工作。高精密机器视觉分拣系统，就是此类机器人的应用。

采用工业机器人视觉技术，能够避免一些外在因素对检验精度的影响，有效克服温度、速度的影响，提高检验的精度。机器视觉可以对产品的外形、颜色、大小、亮度、长度等进行检测，搭配工业机器人可以完成物料的定位、追踪、分拣、装配等需求。

8. 机床上下料

机床上下料机器人系统，主要用于加工单元和自动生产线待加工毛坯件的上料、加工完工件的下料、机床与机床之间工序转换工件的搬运以及工件翻转,实现车削、铣削、磨削、钻削等金属切削机床的自动化加工。

机器人与机床的紧密结合,不仅是自动化生产水平的提高,更是工厂生产效率革新与竞争力的提升。机械加工上下料需要重复持续的作业,并要求作业的一致性与精准性,而一般工厂对配件的加工工艺流程需要多台机床多道工序的连续加工制成……随着用工成本的提高及生产效率提升带来的生产压力,加工能力的自动化程度及柔性制造能力成为工厂竞争力提升的关卡。机器人代替人工上下料作业,通过自动供料料仓、输送带等方式,实现高效的自动上下料系统。

3.1.1 工业机器人的定义与发展过程

1. 工业机器人的定义

机器人技术经过多年的发展,已经形成了一门综合性学科——机器人学(robotics),它涉及机械工程、电子学、控制理论、传感器技术、计算机科学、仿生学、人工智能等学科领域。工业机器人本身是一种典型的机电一体化系统。各种生产过程的机械化和自动化是现代生产技术发展的总趋势,随着技术的进步和经济的发展,为适应产品的多品种、小批量生产,作为现代最新水平的 FMS(柔性制造系统)和 FA(全自动化工厂)技术的重要组成部分的工业机器人技术得到了迅速发展,并在世界范围内很快形成了机器人产业。尽管如此,各国对工业机器人的定义却各有差异。

国际标准化组织(ISO)基本采纳了美国机器人协会的提法,将工业机器人定义为:"一种可重复编程的多功能操作手,用以搬运材料、零件、工具或者是一种为了完成不同操作任务,可以有多种程序流程的专门系统"。

我国将工业机器人定义为:"一种能自动定位控制、可重复编程的、多功能的、多自由度的操作机。它能搬运材料、零件或操作工具,用以完成各种作业。"我国将操作机定义为:"具有和人手臂相似的动作功能,可在空间抓放物体或进行其他操作的机械装置"。

英国机器人协会(BRA)的定义是:"一种可重复编程的装置,用以加工和搬运零件、工具或特殊加工器具,通过可变的程序流程以完成特定的加工任务"。

日本工业标准定义为:"一种在自动控制下,能够编程完成某些操作或者动作功能"。

综合上述定义,可知工业机器人具有以下三个重要特性。

(1)它是一种机械装置,可以搬运材料、零件、工具或者完成多种操作和动作功能,即具有通用性。

(2)它可以再编程,具有多种多样程序流程,这为人—机联系提供了可能,也使之具有独立的柔软性。

(3)它有一个自动控制系统,可以在无人参与下,自动地完成操作作业和动作功能。

2. 工业机器人的发展过程

工业机器人的发展通常可划分为如下三代：

（1）第一代工业机器人。通常是指目前国际上商品化与实用化的"可编程工业机器人"，又称"示教再现工业机器人"，即为了让工业机器人完成某项作业，首先由操作者将完成该作业所需的各种知识（如运动轨迹、作业条件、作业顺序和作业时间等），通过直接或间接手段，对工业机器人进行"示教"，工业机器人将这些知识记忆下来后，即可根据"再现"指令，在一定精度范围内，忠实地重复再现各种被示教的动作。1962年美国万能自动化公司的第一台Unimate工业机器人在美国通用汽车公司投入使用，标志着第一代工业机器人的诞生。

（2）第二代工业机器人。通常是指具有某种智能（如触觉、力觉、视觉等）功能的"智能机器人"，即由传感器得到的触觉、力觉和视觉等信息经计算机处理后，控制工业机器人的操作机完成相应的适应性操作。1982年美国通用汽车公司在装配线上为工业机器人装备了视觉系统，从而宣告了新一代智能工业机器人的问世。

（3）第三代工业机器人。即所谓的"自治式工业机器人"。它不仅具有感知功能，而且具有一定的决策及规划能力。这一代工业机器人目前仍处于实验室研制阶段。

3.1.2 工业机器人的结构和分类

1. 工业机器人的组成

一个较完善的工业机器人一般由操作机、驱动系统、控制系统及人工智能系统等部分组成，如图3.1.5所示。

1）操作机

操作机为工业机器人完成作业的执行机构，它具有和手臂相似的动作功能，是可在空间抓放物体或进行其他操作的机械装置。它包括机座、立柱、手臂、手腕和手等部分。有时为了增加工业机器人的工作空间，机座处装有行走机构。

2）驱动系统

驱动系统主要指驱动执行机构的传动装置，它由驱动器、减速器、检测元件等组件组成。根据驱动器的不同，驱动系统可分为电动、液动和气动驱动系统。驱动系统中的电动机、液压缸、气缸可以与操作机直接相连，也可以通过齿轮传动、链传动、谐波齿轮传动、螺旋传动、带传动装置等与执行机构相连。

3）控制系统

控制系统是工业机器人的核心部分，其作用是支配操作机按所需的顺序，沿规定的位置或轨迹运动。从控制系统的构成看，有开环控制系统和闭环控制系统之分；从控制方式看，有程序控制系统、适应性控制系统和智能控制系统之分；从控制手段看，目前工业机器人控制系统大多数采用计算机控制系统。

学习单元 3 　机电产品与系统的应用与维护

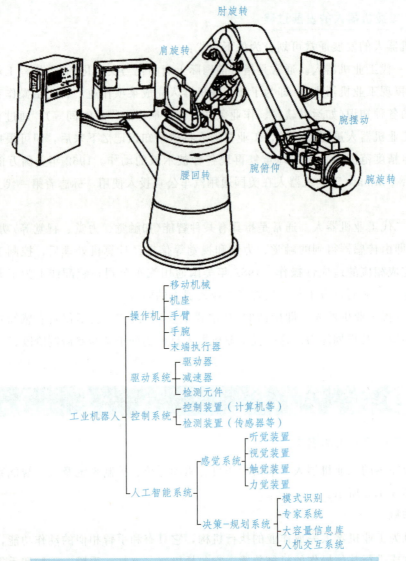

图 3.1.5　工业机器人的组成

4) 人工智能系统

人工智能系统是计算机控制系统的高层次发展。它主要由两部分组成，其一为感觉系统(硬件)，主要靠各类传感器来实现其感觉功能；其二是决策、规划系统(软件)，它包括逻辑判断、模式识别、大容量数据库和规划操作程序等。

2. 工业机器人的分类

1) 按操作机坐标形式分类

操作机的坐标形式是指操作机的手臂在运动时所取的参考坐标系的形式。

(1) 直角坐标型工业机器人。如图 3.1.6(a)所示，其运动部分由三个相互垂直的直线(PPP)移动组成，其工作空间为长方体。

优点：轴向的移动距离可直接读出，直观性强；易于位置和姿态（简称位姿）的编程计算，定位精度最高，控制无耦合，结构简单。

缺点：机体所占空间体积大，动作范围小，灵活性较差，难与其他工业机器人协调工作。

(2) 圆柱坐标型工业机器人。如图 3.1.6(b)所示，其运动形式是通过一个转动和两个移动(RPP)组成的运动系统来实现的，其工作空间为圆柱体。

特点：与直角坐标型工业机器人相比，在相同的工作空间条件下，机体所占体积小，而运动范围大，其位置精度仅次于直角坐标型，难与其他工业机器人协调工作。

(3) 球坐标型工业机器人。它又被称极坐标型工业机器人，如图 3.1.6(c)所示，其手臂的运动由两个转动和一个直线移动(RRP；一个回转，一个俯仰和一个伸缩运动)所组成，其工作空间为一球体，可以上下俯仰动作并能抓取地面上或较低位置的工件。

特点：具有结构紧凑、工作空间范围大的特点，能与其他工业机器人协调工作，其位置精度尚可，位置误差与臂长成正比。

(4) 多关节型工业机器人。它又被称为回转坐标型工业机器人，如图 3.1.6(d)所示，这种工业机器人的手臂与人体上肢类似，其前三个关节都是回转副(RRR)。该工业机器人一般由立柱和大小臂组成，立柱与大臂间形成肩关节，大臂与小臂间形成肘关节，可使大臂回转运动和俯仰摆动，小臂可俯仰摆动。

优点：其结构最紧凑、灵活性大、占地面积最小、工作空间最大，能与其他工业机器人协调工作。

缺点：位置精度较低，有平衡问题，控制耦合。

这种工业机器人应用越来越广泛。

(5) 平面关节型工业机器人。如图 3.1.6(e)所示，它具有一个移动关节和两个回转关节(PRR)，移动关节实现上下运动，而两个回转关节控制前后、左右运动。这种工业机器人又被称为 SCARA(Selective Compliance Assembly Robot Arm)装配机器人，在水平方向具有柔顺性，而在垂直方向有较大的刚性。

特点：它结构简单、动作灵活，多用于装配作业中，特别适合小规格零件的插接装配，如在电子工业零件的插接、装配中应用广泛。

2) 按控制方式分类

(1) 点位控制(PTP)工业机器人。工业机器人采用点到点的控制方式，它只在目标点处准确控制工业机器人手部的位置，完成预定的操作要求，而不对点与点之间的运动过程进行严格的控制。目前，应用的工业机器人多数属于点位控制方式，如上下料搬运机器人、点焊机器人等。

(2) 连续轨迹控制(CP)工业机器人。工业机器人的各关节同时做受控运动，准确控制工业机器人手部按预定轨迹和速度运动，而手部的姿态也可以通过腕关节的运动得以控制。弧焊、喷漆和检测机器人均属连续轨迹控制方式。

学习单元 3　机电产品与系统的应用与维护

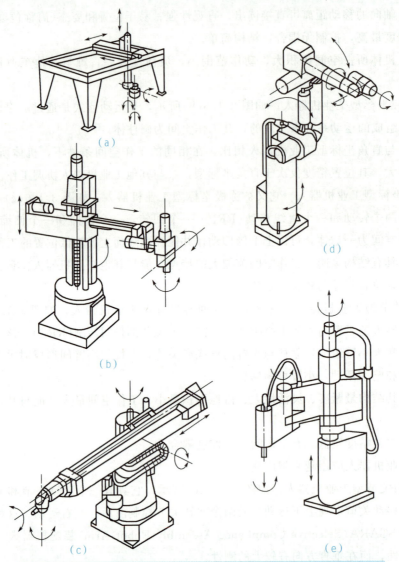

图 3.1.6　工业机器人的基本结构形式

(a)直角坐标型；(b)圆柱坐标型；(c)球坐标型；(d)多关节型；(e)平面关节型

3)按驱动方式分类

(1)气动式工业机器人。这类工业机器人以压缩空气来驱动操作机。

优点：空气来源方便、动作迅速、结构简单、造价低、无污染。

缺点：空气具有可压缩性，导致工作速度的稳定性较差，气源压力一般只有 6 kPa 左右，所以这类工业机器人抓举力较小(一般只有几十牛顿，最大达百余牛顿)。

(2)液压式工业机器人。因为液压压力比气压压力高得多，一般为 70 kPa 左右，故液压传动工业机器人具有较大的抓举能力(可达上千牛顿)。这类工业机器人结构紧凑、传动平稳、动作灵敏，但对密封要求较高，且不宜在高温或低温环境下工作。

(3)电动式工业机器人。这是目前用得最多的一类工业机器人，不仅因为电动机品种众多，为工业机器人设计提供了多种选择，也因为它们可以运用多种灵活的控制方法。其早期多采用步进电动机驱动，后来发展了直流伺服驱动单元，目前交流伺服驱动单元也在迅速发展。这些驱动单元或是直接驱动操作机，或是通过谐波减速器的装置来减速后驱动，结构十分紧凑、简单。

3.1.3 工业机器人的控制系统

1. 工业机器人控制系统的特点和基本要求

工业机器人的控制技术是在传统机械系统的控制技术的基础上发展起来的，因此两者之间并无根本的不同，但工业机器人控制系统也有许多特殊之处。其特点如下：

(1)工业机器人有若干个关节，多个关节的运动要求各个伺服系统协同工作。

(2)工业机器人的工作任务是要求操作机的手部进行空间点位运动或连续轨迹运动，对工业机器人的运动控制，需要进行复杂的坐标变换运算以及矩阵函数的逆运算。

(3)工业机器人的控制中经常使用前馈、补偿、解耦和自适应等复杂控制技术。

(4)较高级的工业机器人要求对环境条件、控制指令进行测定和分析，采用计算机建立庞大的信息库，用人工智能的方法进行控制、决策、管理和操作，按照给定的要求，自动选择最佳控制规律。

对工业机器人控制系统的基本要求有：

(1)实现对工业机器人的位姿、速度、加速度等的控制功能，对于连续轨迹运动的工业机器人，还必须具有轨迹的规划与控制功能。

(2)方便的人—机交互功能，操作人员采用直接指令代码对工业机器人进行作业指示。使工业机器人具有作业知识的记忆、修正和工作程序的跳转功能。

(3)具有对外部环境(包括作业条件)的检测和感觉功能。为使工业机器人具有对外部状态变化的适应能力，工业机器人应能对视觉、力觉、触觉等有关信息进行检测、识别、判断、理解等。在自动化生产线中，工业机器人应有与其他设备交换信息、协调工作的能力。

(4)具有诊断、故障监视等功能。

2. 工业机器人控制系统的分类

工业机器人控制系统可以从不同角度进行分类，如按控制运动的方式不同分为关节运动控制、笛卡尔空间运动控制和自适应控制；按轨迹控制方式的不同分为点位控制和连续轨迹控制；按速度控制方式的不同分为速度控制、加速度控制、力控制。

这里主要介绍按发展阶段的分类方法。

1)程序控制系统

目前，工业用的绝大多数第一代机器人属于程序控制机器人，其程序控制系统的结构简图如图3.1.7所示，包括程序装置、信息处理器和放大执行装置。信息处理器对来自程序装置的信息进行变换，放大执行装置则对工业机器人的传动装置进行作用。

输出量 X 为一向量，表示操作机运动的状态，一般为操作机各关节的转角或位移。控制作用 U 由控制装置加于操作机的输入端，也是一个向量。给定作用 G 是输出量 X 的目标值，即 X 要求变化的规律，通常是以程序形式给出的时间函数。G 的给定可以通过计算工业机器人的运动轨迹来编制程序，也可以通过示教法来编制程序。这就是程序控制系统的主要特点，即系统的控制程序是在工业机器人进行作业之前确定的，或者说工业机器人是按预定的程序工作的。

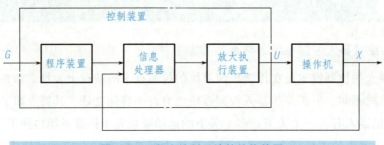

图 3.1.7　程序控制系统的结构简图

2）适应性控制系统

适应性控制系统多用于第二代工业机器人，即具有知觉的工业机器人，它具有力觉、触觉或视觉等功能。在这类控制系统中，一般不事先给定运动轨迹，由系统根据外界环境的瞬时状态实现控制，而外界环境状态用相应的传感器来检测。适应性控制系统的结构简图如图 3.1.8 所示。

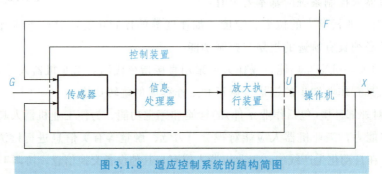

图 3.1.8　适应控制系统的结构简图

图中 F 是外部作用向量，代表外部环境的变化；给定作用 G 是工业机器人的目标值，它并不简单地由程序给出，而是存在于环境之中，控制系统根据操作机与目标之间的坐标差值进行控制。显然这类系统要比程序控制系统复杂得多。

3）智能控制系统

智能控制系统是最高级、最完善的控制系统，在外界环境变化不定的条件下，为了保证所要求的品质，控制系统的结构和参数能自动改变。智能控制系统的结构简图如图 3.1.9 所示。

智能控制系统具有检测所需新信息的能力，并能通过学习和积累经验不断完善计划，该系统在某种程度上模拟了人的智力活动过程，具有智能控制系统的工业机器人为第三代工业机器人，即自治式工业机器人。

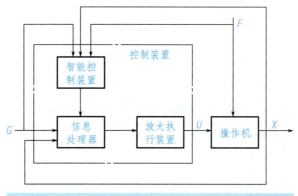

图 3.1.9 智能控制系统的结构简图

3.1.4 工业机器人的应用

据统计，目前全球至少有 80 万台工业机器人。其中，日本拥有量约 35 万台，将近 25 万台在欧洲，北美约为 11.2 万台。在欧洲，德国拥有量最大(11.27 万台)，以下依次为意大利(5 万台)、法国(2.6 万台)、西班牙(2 万台)、英国(1.4 万台)。

目前，工业机器人主要用于制造业中，其功能和性能不断被改善和提高，种类也越来越多，包括机械加工机器人、焊接机器人、喷涂机器人、装配机器人、检查测量机器人、搬运机器人、码垛机器人等。

工业机器人的应用领域如此广泛，主要是因为具有如下特点。

1. 可从事单调重复的劳动

工业机器人能高强度地、持久地在各种工作环境中从事单调重复的劳动，使人类从繁重的体力劳动中解放出来。人在连续工作几小时以后，特别是做重复性单调劳动，会产生疲劳和厌倦之感，工作效率下降，出错率上升。而工业机器人在正常的额定工作条件下是不受时间限制的。例如，汽车制造生产线中的点焊和螺纹件装配等工作量极大(每辆汽车有上千个焊点)，且由于采用传送带流水作业，速度快，上下工序衔接严格，所以采用工业机器人作业可保质保量地完成生产任务。汽车制造业点焊系统如图 3.1.10 所示。它采用一个往复传送系统，把汽车车身移出主装配线进行点焊操作。传送带有 7 个工位，共有 12 台工业机器人。传送带为步进式，可对固定的工件进行焊接作业。每一台工业机器人都在它的工位上进行一系列焊接。整个焊接作业完成后，工件被送回主装配线。在这个应用中，工业机器人焊接的一个主要优点是焊接具有持续稳定性。与人工焊接相比，由于焊接稳定，可以减少焊点的数量。

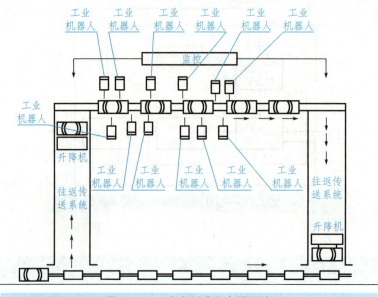

图 3.1.10 汽车制造业点焊系统

2. 可从事危险作业

工业机器人对工作环境有很强的适应能力，能代替人在有害场所从事危险工作。只要根据工作环境的情况，对工业机器人的用材和结构进行适当的选择，并进行合理的设计，就可以在异常高温或低温、异常压力场合，在有害气体、粉尘、烟雾、放射性辐射等环境中从事操作作业，也可以由工业机器人代替人从事灭火、消爆、排雷、高空作业等危险作业。目前，世界各国首先在冲压、压铸、热处理、锻压、喷漆、焊接、军工、水下作业等工种推广使用。

某典型喷漆工业机器人系统如图 3.1.11 所示。该工业机器人采用可编程的示教再现型，它具有五个自由度、电液伺服。此系统还包括喷漆辅助设备和应用工程外围设备等，可适用于从大型汽车到小型家用电器的自动喷漆作业。

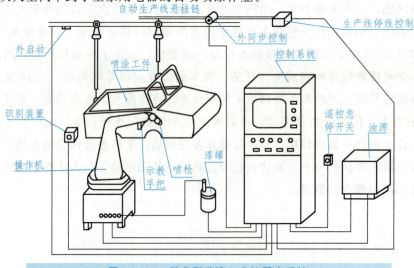

图 3.1.11 某典型喷漆工业机器人系统

图 3.1.12 所示为一种弧焊工业机器人系统，即使用平面关节型工业机器人的电弧焊接和切割的工业机器人系统。该系统由焊接工业机器人操作机及其控制装置、焊接电源、焊接工具及焊接材料供应装置、焊接夹具及其控制装置组成。

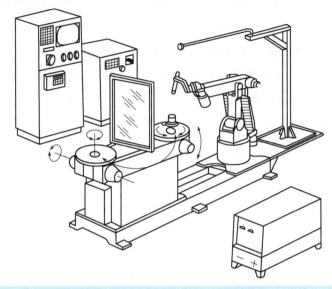

图 3.1.12 弧焊工业机器人系统

五自由度关节型工业机器人如图 3.1.13 所示。该工业机器人由机身的回转 θ_1、手臂（大臂）连杆绕 O_2 点的前后摆动回转 θ_2 和手臂（小臂）连杆绕 O_3 点的上下俯仰回转 θ_3 构成位置坐标的三个自由度。小臂端部配置有手腕，可实现旋转运动 θ_4 和上下摆动 θ_5，形成手腕姿态的两个自由度。操作机的五个关节分别采用五个直流电动机伺服系统驱动，传动机构为谐波齿轮减速器等，其中驱动电动机直接带有谐波齿轮减速器。

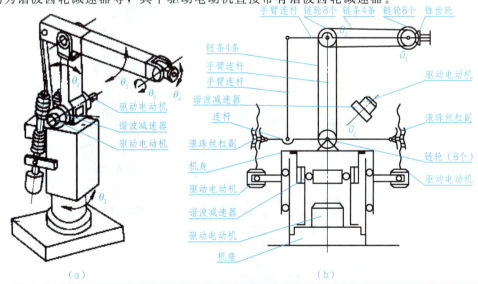

(a)   (b)

图 3.1.13 五自由度关节型工业机器人
(a) 外观图；(b) 传动系统

3. 具有很强的通用性

现代社会对产品的需求除数量外，更重要的是规格、品种的多样化，品种型号的不断更新。工业机器人由于动作程序和工作点定位(或运动轨迹)可以灵活改变和调整，并且具有较多运动自由度，所以能迅速适应产品改型和品种变化的需要，满足中、小批量生产的需要。

例如，当今的汽车制造业，由于新产品层出不穷，要求车型改变快、投资周期短，使用工业机器人的汽车生产线就能通过程序流程、工位参数的修改等，方便地满足焊点位置、焊点数目和焊点顺序的迅速更改。

4. 具有独特的柔软性

产品中、小批量生产的又一特点是要求生产线具有柔软性，成为能适应加工多种零件的柔性生产线，因此，日本把1980年称为"工业机器人元年"，以推动产品的快速更新换代及其多品种小批量生产，并提出了工厂自动化(FA)、办公自动化(OA)和家庭自动化(HA)的"3A"革命口号，在工厂自动化中重要的是发展无人化的柔性制造系统(FMS)。

例如，FMS由计算机(多级)、数控加工中心(多台)、工业机器人(多种类型)、搬运小车等组成，如图3.1.14所示。它可以通过软件调整等手段加工多种零件，可以灵活、迅速实现多品种，中、小批量生产。因此，工业机器人在柔性制造系统中是极其重要和必不可少的。

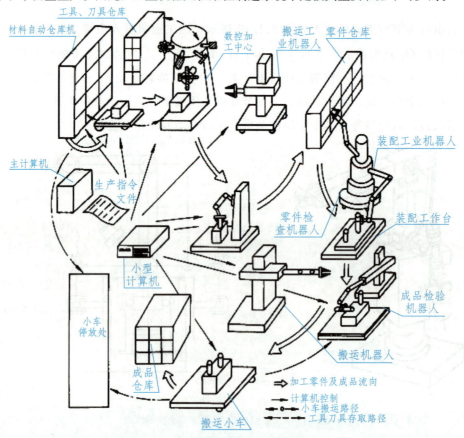

图 3.1.14 工业机器人在 FMS 中的应用

5. 具有高度的动作准确性

工业机器人动作准确性高,可保证产品质量的稳定性。工业机器人的操作精度是由其本身组成的软、硬件所决定的,不会受精神和生理等因素的影响,更不会因紧张和疲劳而降低动作的准确性。一些高、精、尖产品,如大规模集成电路的装配等,是非工业机器人所莫及的。

目前,精密装配机器人定位精度可达 0.02~0.05 mm,装配深度为 30 mm,配合间隙在 10 μm 以下,若采用触觉反馈和柔性手腕,在轴心位置有较大偏离(5 mm)时,也能自动补偿,准确装入零件。

SCARA 是一种典型的装配机器人,共有四个自由度,其基本构造和运动情况如图 3.1.15 所示。两个水平回转臂(第一臂和第二臂)类似人的手臂,若在手部加一水平方向的力,θ_2 轴就会有微小转动,顺从地移位,这种位移对弹性变形力有吸收作用,利用这一特性可以较方便地进行轴与孔的装配作业。

SCARA 装配机器人手腕上装有动柔性腕——RCC(Remote Center Compliance),即顺应中心式手腕,如图 3.1.16 所示。采用这种手腕的手部机构,能根据装配时的位置和倾角偏差产生的附加力,使腕部产生一个微小弹性变形,从而实现自动纠正并减小位置与倾斜偏差,使工件能顺利地被插到相应的孔中去,装配间隙为 10 μm。

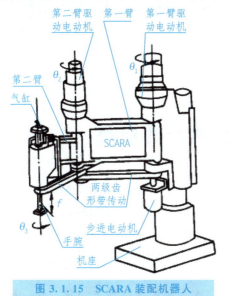

图 3.1.15　SCARA 装配机器人

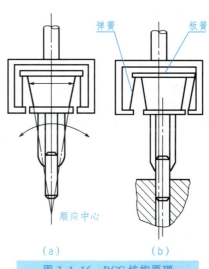

图 3.1.16　RCC 结构原理
(a)无偏差;(b)有偏差

6. 可明显提高生产率和大幅度降低产品成本

例如,某机械公司采用由 18 个工业机器人和数控加工单元组成的生产精密机床的自动化系统,30 天完成原人工操作的三个月生产任务,两年收回全部投资。

任何事物都是从低级向高级逐渐发展与完善的。目前,所广泛应用的示教再现工业机器人还有不少技术问题需要解决,进一步提高工业机器人的运动速度、可靠性和稳定性还是今后的一个重要课题。智能工业机器人的开发、研制是机器人技术的发展方向，而模块化组合式结构是一般工业机器人通用化、系列化、标准化的典型结构。图 3.1.17 所示为模块化组合式工业机器人。

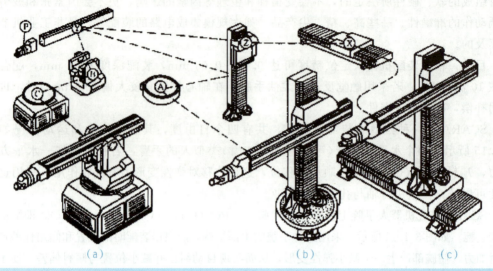

图 3.1.17　模块化组合式工业机器人
(a) 球坐标型机器人；(b) 圆柱坐标型机器人；(c) 直角坐标型机器人
P—三自由度手腕；Y—手臂；A—回转台；B—俯仰架；C—液压回转基座；Z—垂直运动；X—水平直线运动

学习模块 2　数控机床的应用

数控机床是数字控制机床（Computer numerical control machine tools）的简称，是一种装有程序控制系统的自动化机床。该控制系统能够逻辑地处理具有控制编码或其他符号指令规定的程序，并将其译码，用代码化的数字表示，通过信息载体输入数控装置。经运算处理由数控装置发出各种控制信号，控制机床的动作，按图纸要求的形状和尺寸，自动地将零件加工出来。

数控机床较好地解决了复杂、精密、小批量、多品种的零件加工问题，是一种柔性的、高效能的自动化机床，代表了现代机床控制技术的发展方向，是一种典型的机电一体化产品。

工作情境

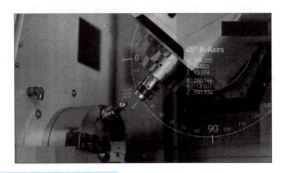

图 3.2.1　数控机床工作场景

(1)航空工业：针对零件有飞机机翼、机身、尾翼等和发动机零件，需求机型是高速五轴加工中心、龙门移动式高速加工中心、精密数控车床、精密卧式加工中心、多坐标铣镗中心、精密齿轮和螺纹加工数控机床等。

(2)铁路机车制造业：针对的是高铁机车车体、车轴、车轮等零件，需要的是大中型数控机床：数控车床、立卧式加工中心、五轴加工中心、龙门镗铣床、镗铣加工中心等。

(3)兵器制造业：针对的是坦克、装甲车辆、弹、炮、引芯等产品，需要的是数控车床、立卧式加工中心、五轴加工中心、龙门镗铣床、镗铣加工中心、齿轮加工机床等。

十年磨一剑，中国首台大型数控强力旋压机床，助力中国航空航天！

铁路车轴的精密加工

(4)模具制造业：针对的是汽车覆盖件模具，压铸模具，成型挤压模具等，需要高速数控铣床、精密电加工机床、高精度加工中心、精密磨床。

(5)电子信息设备制造业：针对高端电子产品外壳、电机转子定子、电机壳盖等，需要的是小型精密数控机床：高速铣削中心、高速加工中心、小型精密车床、小型精密冲床、精密和超精密加工专用数控机床及精密电加工机床。

高速精密数控机床制作电路板

五轴数控机床加工模具的过程

（6）电力设备制造业：针对发电设备，需要重型数控龙门铣床、大型落地铣床、大型数控车床、叶根槽专用铣床和叶片数控加工机床等。

（7）冶金设备制造业：针对的是连铸连轧成套设备，需要大型龙门铣床、大型数控车床。

（8）工程机械制造业：针对的是变速箱、挖掘臂、车体、发动机等零部件，需要中小型数控机床：数控车床、中型加工中心、数控铣床和齿轮加工机床等。

（9）造船工业：针对柴油机体，需要重型、超重型龙门铣锉床和重型数控落地铣锉床以及大型数控车床和车铣中心、大型数控磨齿机、曲轴控铣床、大型曲轴车铣中心和曲轴磨床等。

（10）汽车制造业：针对整车部件，发动机，需要高效、高性能、专用数控机床和柔性生产线；针对零配件加工，需要数控车床、立卧式加工中心、数控高效磨床等。

3.2.1 数控技术

1. 数控系统的概念

数控（NC）技术全称为数字控制（Numerical Control）技术，是一种自动控制技术，它用数字指令来控制机床的运动。

采用数控技术的自动控制系统称为数控系统。装备了数控系统的机床称为数控机床。随着生产的发展，数控技术已不仅用于金属切削机床，同时还用于其他机械设备，如用在三坐标测量机、工业机器人、激光切割机、数控雕刻机、电火花切割机等机器上。

2. 数控技术的发展

20世纪40年代，飞机和导弹制造业发展迅速，原来的加工设备已无法承担加工航空工业需要的高精度的复杂型面零件。数控技术是为了解决复杂型面零件加工的自动化而产生的。1948年，美国PARSONS公司在研制加工直升机叶片轮廓检验样板的机床时，首先提出了数控机床的设想，在麻省理工学院（MIT）伺服机构研究所的协助下，于1952年成功研制了世界上第一台三坐标数控铣床样机，后又经过三年时间的改进和自动程序编制的研究，数控机床进入了实用阶段，市场上出现了商品化数控机床，在复杂曲面的加工中发挥了重要的作用。

随着微电子和计算机技术的不断发展，数控系统也随着不断更新，发展异常迅速，几乎五年左右时间就更新换代一次。从第一台数控机床诞生起，已经历以下几代变化：

第一代数控：1952—1959 年采用电子管构成的专用数控系统（NC）。

第二代数控：从 1959 年开始采用晶体管电路的 NC 系统。

第三代数控：从 1965 年开始采用小、中规模集成电路的 NC 系统。

第四代数控：从 1970 年开始采用大规模集成电路的小型通用电子计算机控制的系统（CNC）。

第五代数控：从 1974 年开始采用微型电子计算机控制的系统（Microcomputer Numerical Control，MNC）。

3.2.2 数控机床的组成与工作原理

1. 数控机床的组成

数控机床一般由信息载体、数控系统和机床本体组成。数控系统由输入输出装置、计算机数控装置、可编程序控制器和伺服驱动装置四部分组成，有些数控系统还配有位置检测装置，其组成如图 3.2.2 所示。

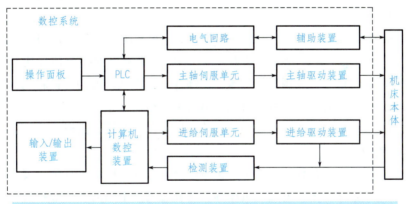

图 3.2.2 数控系统的组成

1）信息载体

信息载体又称控制介质，用于记载各种加工信息，如刀具和零件的相对运动数据、工艺参数（进给速度、主轴转速等）和辅助运动等，以控制机床的运动，实现零件的加工。

2）数控系统

这是数控机床的核心，它的功能是接受输入装置输入的加工信息，完成数控计算、逻辑判断、输入输出控制等功能。计算机数控系统一般由输入输出装置、计算机数控装置、可编程序控制器、伺服驱动装置和位置检测装置等组成。

（1）输入输出装置。数控机床在进行加工前，必须接受由操作人员输入的零件加工程序，然后才能根据输入的加工程序进行加工控制，从而加工出所需的零件。

数控系统操作面板和显示器是数控系统不可缺少的人机交互设备，操作人员可通过数控系统操作面板和显示器输入程序、编辑修改程序和发送操作命令。数控系统通过显示器为操作人员提供必要的信息，根据系统所处的状态和操作命令的不同，显示的信息可以是正在编辑的程序，也可以是机床的加工信息。较简单的显示器只有若干个数码管，显示的信息也很有限；较高级的系统一般配有 CRT 显示器或点阵式液晶显示器，显示的信息较丰富；低档的显示器只能显示字符，中、高档的显示系统能显示图形。

(2) 计算机数控装置。计算机数控装置是数控系统的核心，它的主要功能是将输入装置传送的数控加工程序，经数控系统软件进行译码、插补运算和速度预处理，输出相应的指令脉冲以驱动伺服系统，进而控制机床动作。

(3) 可编程序控制器。在数控系统中除了进行轮廓轨迹控制和点位控制外，还应控制一些开关量，如主轴的启动与停止、冷却液的开与关、刀具的更换、工作台的夹紧与松开等，主要由可编程控制器来完成。

(4) 伺服驱动装置。伺服驱动装置又称伺服系统，它是 CNC 装置和机床本体的联系环节，它把来自 CNC 装置的微弱指令信号调解、转换、放大后驱动伺服电动机，通过执行部件驱动机床运动，使工作台精确定位或使刀具与工件按规定的轨迹做相对运动，最后加工出符合图纸要求的零件。数控机床的伺服驱动装置包括主轴驱动单元（主要是转速控制）、进给驱动单元（包括位移和速度控制）、回转工作台和刀库伺服控制装置以及它们相应的伺服电动机等。

(5) 位置检测装置。位置检测装置主要用于闭环和半闭环系统。检测装置检测出实际的位移量，反馈给 CNC 装置中的比较器，与 CNC 装置发出的指令信号比较，如果有差值，就发出运动控制信号，控制数控机床移动部件向消除该差值的方向移动。不断比较指令信号与反馈信号，然后进行控制，直到差值为零，运动停止。

常用检测装置有旋转变压器、编码器、感应同步器、光栅、磁栅、霍尔检测元件等。

3) 机床本体

机床本体是用于完成各种切削加工的机械部分。根据不同的零件加工要求，机床有车床、铣床、镗床、重型机床、电加工机床等。与普通机床不同的是，数控机床的主体结构具有如下特点：

(1) 由于大多数数控机床采用了高性能的主轴及伺服传动系统，因此，数控机床的机械传动结构得到了简化，传动链较短。

(2) 为了适应数控机床连续地自动化加工，数控机床机械结构具有较高的动态刚度、阻尼精度及耐磨性，热变形较小。

(3) 更多地采用高效传动部件，如滚珠丝杠副、直线滚动导轨等。

2. 数控机床的工作原理

首先，根据零件加工图样的要求确定零件加工的工艺过程、工艺参数和刀具位移数据，再按编程手册的有关规定编写零件加工程序。其次，把零件加工程序输入数控系统。数控装置的系统程序将对加工程序进行译码与运算，发出相应的命令，通过伺服系统驱动机床的各运动部件并控制所需要的辅助动作。最后，加工出合格的零件。

系统程序存于计算机内存中。所有的数控功能基本上都依靠该程序完成，如输入、译码、数据处理、插补、伺服输出等。下面简单介绍计算机数控系统的工作过程。

(1)输入。数控装置使用标准串行通信接口与微型计算机相连接，实现零件加工程序和参数的传送。

零件加工程序较短时，也可直接用系统操作面板的键盘将程序输入数控装置。

零件加工程序较长时，通过系统自备的 RS232 通信接口与微型计算机相连接，利用通信软件传输零件加工程序。

(2)译码。输入的程序段含有零件的轮廓信息(起点、终点、直线还是圆弧等)、要求的加工速度及其他辅助信息(换刀、换挡等)。计算机依靠译码程序来识别这些数据符号，译码程序将零件加工程序翻译成计算机内部能识别的语言。

(3)数据处理。数据处理一般包括刀具半径补偿、速度计算以及辅助功能的处理。刀具半径补偿是把零件轮廓轨迹转化为刀具中心轨迹。这是因为轮廓轨迹是靠刀具的运动来实现的缘故。速度计算是解决该加工数据段以什么样的速度运动的问题。加工速度的确定是一个工艺问题。CNC 系统仅仅起到保证这个编程速度的可靠实现的作用。另外，辅助功能如换刀、换挡等也在这个程序中处理。

(4)插补。插补即知道了一个曲线的种类、起点、终点及速度后，在起点和终点之间进行数据点的密化。计算机数控系统中有一个采样周期，在每个采样周期形成一个微小的数据段。若干次采样周期后完成一个数据段的加工，即从数据段的起点走到终点。计算机数控系统是一边插补，一边加工的。本次采样周期内插补程序的作用是计算下一个采样周期的位置增量。一个数据段正式插补加工前，必须先完成换刀、换挡等功能，即只有辅助功能完成后才能进行插补。

(5)伺服控制。伺服控制的功能是根据不同的控制方式(如开环、闭环)，把来自数控系统插补输出的脉冲信号经过功率放大，通过驱动元件和机械传动机构，使机床的执行机构按规定的轨迹和速度加工。

(6)管理程序。当一个数据段开始插补时，管理程序即着手准备下一个数据段的读入、译码、数据处理，即由它调用各个功能子程序，且保证一个数据段加工过程中将下一个程序段准备完毕。一旦本数据段加工完毕，即开始下一个数据段的插补加工。整个零件加工就是在这种周而复始的过程中完成的。

3.2.3 数控机床的特点

1. 数控机床的优点

数控机床是一种高效能的自动加工机床，是一种典型的机电一体化产品。采用数控技术的金属切削机床与普通机床相比具有以下优点：

(1)高柔性。用数控机床加工形状复杂的零件或新产品时，不必像普通机床那样需要很多工装，而仅需要少量工夹具和重新编制加工程序，这为单件、小批量零件加工及试制新产品提供了极大的便利。

(2)高精度。目前，数控机床的脉冲当量普遍达到了 0.001 mm，而且进给传动链的反向间隙与丝杠螺距误差等均可由数控装置进行补偿，因此，数控机床能达到很高的加工精度。

(3)高效率。零件加工所需的时间主要包括机动时间和辅助时间两部分。数控机床主轴的转速和进给速度的变化范围比普通机床大，因此，数控机床每一道工序都可选用最有利的切削用量。由于数控机床的结构刚性好，因此允许进行大切削用量的强力切削，提高了数控机床的切削效率，节省了机动时间。数控机床的移动部件空行程运动速度快，工件装夹时间短，辅助时间比普通机床少。数控机床通常不需要专用的工夹具，因而可省去工夹具的设计和制造时间。在加工中心机床上加工零件时，可实现多道工序的连续加工，生产效率的提高更为明显。

(4)自动化程度高。数控机床对零件的加工是按事先编好的程序自动完成，操作者除了操作键盘、装卸工件、关键工序尺寸中间检测，以及观察机床运行之外，不需要进行繁重的重复性手工操作，劳动强度大大减轻。

(5)能加工复杂型面。数控机床可以加工普通机床难以加工的复杂型面零件。

(6)便于现代化管理。用数控机床加工零件，能精确地估算零件的加工工时，有助于精确编制生产进度表，有利于生产管理的现代化。数控机床使用数字信息与标准代码输入，最适宜于数字计算机联网，便于实现计算机辅助制造(CAM)和发展柔性生产。

2. 数控机床的缺点

数控机床存在的缺点是：

(1)价格较高。

(2)调试和维修比较复杂，需要专门的技术人员。

(3)对编程人员和操作人员的技术水平要求较高。

3. 数控机床的适用范围

数控机床具有普通机床所不具备的许多优点，应用范围正在不断扩大，最适合加工以下零件：

(1)多品种小批量零件。图 3.2.3 所示为通用机床、专用机床和数控机床加工批量与成本的关系。从图中可以看出零件加工批量增大对于选用数控机床是不利的。

(2)形状结构比较复杂的零件。从图 3.2.4 中可以看出，数控机床非常适合加工形状复杂的零件。

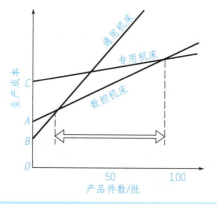

图 3.2.3 各种机床的加工批量与成本的关系

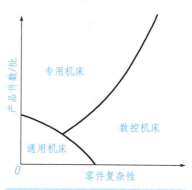

图 3.2.4 各种机床的使用范围

(3) 需要频繁改型设计的零件。

(4) 价格昂贵、不允许报废的关键零件,如飞机大梁零件,此零件虽不多,但若加工中出现差错而报废,将造成巨大的经济损失。

(5) 必须严格控制位置要求的零件,如箱体类零件、航空附件壳体等。

3.2.4 数控机床的分类

1. 按工艺用途分类

1) 普通数控机床

这类数控机床和传统的通用机床一样,有数控的车、铣、钻、镗、磨床等,而且每一类里又有很多品种,如数控铣床中有立铣、卧铣、工具铣、龙门铣等。这类机床的工艺性能和通用机床相似,所不同的是它能自动加工具有复杂形状的零件。

2) 加工中心机床

这是一种在普通数控机床上加装一个刀库和自动换刀装置而形成的数控机床。它和普通数控机床的区别是:工件经一次装夹后,数控系统就能控制机床自动地更换刀具,连续地对工件各加工面进行铣(车)、镗、钻、铰及攻丝等多工序加工,这就大大减少了机床台数。由于减少了多次安装造成的定位误差,从而提高了各加工面间的位置精度。

3) 金属成型类数控机床

其包括数控折弯机、数控弯管机、数控回转头压力机等。

4) 多坐标数控机床

有些复杂形状的零件,用三坐标的数控机床还是无法加工,如螺旋桨、飞机机翼曲面及其他复杂零件的加工等,都需要三个以上坐标的合成运动才能加工出所需的形状,于是出现了多坐标数控机床。多坐标数控机床的特点是数控装置控制的轴数较多,机床结构也比较复杂,坐标轴数的多少通常取决于加工零件的复杂程度和工艺要求。现在常用的有四个、五个、六个坐标联动的数控机床。

5）数控特种加工机床

数控特种加工机床包括数控线切割机床、数控电火花加工机床、数控激光切割机床等。

2. 按机床运动的控制轨迹分类

1）点位控制数控机床

数控系统只控制刀具从一点到另一点的准确定位，在移动过程中不进行加工，对两点间的移动速度及运动轨迹没有严格的要求。图 3.2.5 所示为点位控制数控机床的刀具轨迹。这类数控机床主要有数控钻床、数控坐标镗床、数控冲剪床等。

2）直线控制数控机床

数控系统除了控制点与点之间的准确位置以外，还要保证两点之间移动的轨迹是一条平行于坐标轴的直线，而且对移动速度也要进行控制，以便适应随工艺因素变化的不同要求。图 3.2.6 所示为直线控制数控机床的刀具轨迹。有些数控机床有 45°斜线切削功能，但不能以任意斜率进行直线切削。这类数控机床主要有简易数控车床、数控磨床等。

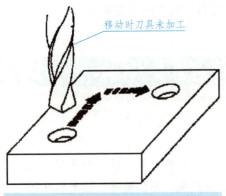

图 3.2.5 点位控制数控机床的刀具轨迹

图 3.2.6 直线控制数控机床的刀具轨迹

3）轮廓控制数控机床

数控系统能同时对两个或两个以上的坐标轴进行连续相关的控制，不仅能控制轮廓的起点和终点，而且还要控制轨迹上每一点的速度和位移。轮廓控制比点位控制更为复杂，需要在加工过程中不断进行多坐标轴之间的插补运算，实现相应的速度和位移控制。很显然，轮廓控制包含了点位控制和直线控制。这类数控机床主要有数控车床、数控铣床和加工中心等。图 3.2.7 所示为轮廓控制数控机床的刀具轨迹。

图 3.2.7 轮廓控制数控机床的刀具轨迹

随着计算机数控装置的发展，要增加轮廓控制功能，只需增加插补运算软件即可，几乎不带来成本的提高。因此，除少数专用的数控机床（如数控钻床、冲床等）以外，现代的数控机床都具有轮廓控制功能。

对于轮廓控制的数控机床,根据同时控制坐标轴的数目还可分为二轴联动、二轴半联动、三轴联动、四轴联动和五轴联动。

3. 按伺服系统的控制方式分类

1)开环控制系统的数控机床

开环控制系统的数控机床不带位置检测元件,通常使用功率步进电动机作为执行元件。数控装置每发出一个指令脉冲,经驱动电路功率放大后,就驱动步进电动机旋转一个角度,再由传动机构带动工作台移动。图 3.2.8 所示为典型的开环控制系统。

开环控制系统的数控机床受步进电动机的步距精度和传动机构的传动精度影响,难以实现高精度加工。但由于系统结构简单、成本较低、技术容易掌握,所以使用仍较为广泛。经济型数控机床和普通机床的数控化改造大多采用开环控制系统。

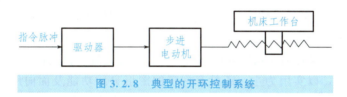

图 3.2.8　典型的开环控制系统

2)闭环控制系统的数控机床

图 3.2.9 所示为典型的闭环控制系统。闭环控制系统在机床运动部件或工作台上直接安装直线位移检测装置,将检测到的实际位移反馈到数控装置的比较器中,与程序指令值进行比较,用差值进行控制,直到差值为零。从理论上讲,闭环控制系统的运动精度主要取决于检测装置的检测精度,而与传动链的误差无关。但对机床结构及传动链仍然提出了严格的要求,传动系统的刚性不足及间隙的存在,导轨的低速爬行等因素都会增加系统调试的困难,甚至会使数控机床的伺服系统工作时产生振荡。

闭环控制可以获得比开环控制系统精度更高、速度更快、驱动功率更大的特性指标。但其成本较高、结构复杂、调试维修困难,主要用于精度要求很高的数控坐标镗床、数控精密磨床等。

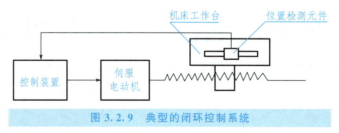

图 3.2.9　典型的闭环控制系统

3)半闭环控制系统的数控机床

如果将角位移检测装置安装在驱动电动机的端部或安装在传动丝杠端部,间接测量执行部件的实际位置或位移,就是半闭环控制系统。图 3.2.10 所示为半闭环控制系统。它介于开环和闭环控制系统之间,获得的位移精度比开环高,但比闭环低。与闭环控制系统相比，易于实现系统的稳定性。现在大多数数控机床都采用半闭环控制系统。

图 3.2.10　半闭环控制系统

4. 按数控系统功能水平分类

1）经济型数控机床

经济型数控机床大多指采用开环控制系统的数控机床，其功能简单，精度一般，价格便宜。采用 8 位微处理器或单片机控制，分辨率为 10 μm，快速进给速度在 6～8 m/min，采用步进电动机驱动，一般无通信功能，有的具有 RS232 接口，联动轴数为 2～3 轴，具有数码显示或 CRT 字符显示功能。如经济型数控线切割机床、数控车床、数控铣床等。

2）普及型数控机床

普及型数控机床又称为全功能数控机床，大多采用交流或直流伺服电动机实现半闭环控制，其功能较多，以实用为主，还具有一定的图形显示功能及面向用户的宏程序功能等。采用 16 位或 32 位微处理器，分辨率为 1 μm，快速进给速度在 15～24 m/min，具有 RS232 接口，联动轴数为 2～5 轴。

这类数控机床的功能较全、价格适中、应用较广。

3）高档型数控机床

高档型数控机床指加工复杂形状的多轴联动加工中心，其工序集中、自动化程度高、功能强大，具有高柔性。其一般采用 32 位以上微处理器，采用多微处理器结构。其分辨率为 0.1 μm，快速进给速度可达 100 m/min 或更高，具有制造自动化协议 MAP（Manufacturing Automation Protocol）高性能通信接口，具有联网功能，联动轴数在 5 轴以上，有三维动态图形显示功能。这类数控机床的功能齐全，价格高。如具有 5 轴以上的数控铣床，加工复杂零件的大、重型数控机床，五面体加工中心，车削加工中心等。

3.2.5 数控系统的发展趋势

随着微电子技术和计算机技术的发展，数控系统性能日臻完善，数控系统应用领域日益扩大。为了满足社会经济发展和科技发展的需要，数控系统正朝如下方向发展。

1. 高速化和高精度化

速度和精度是数控系统的两个重要技术指标，它们直接关系到加工效率和产品质量。要提高生产率，最主要的方法是提高切削速度。高速度主要取决于数控系统数据处理的速度，采用高速微处理器是提高数控系统速度的最有效手段。现代数控系统已普遍采用 32 位微处理器（CPU），其总线频率已达 40 MHz，并有向 64 位微处理器发展的趋势。有的系统还制造了插补器的专用芯片，以提高插补速度，有的采用多微处理器系统，进一步提高了控制速度。提高主轴转速是提高切削速度的最有效的方法之一。

现代数控机床在提高加工速度的同时，也在提高加工精度。目前，最小设定单位为 $0.1~\mu m$ 的数控机床，最大进给速度可达 100 m/min。

提高数控机床的加工精度，一般通过减小数控系统的误差和采取误差补偿技术来实现。

2. 高可靠性

现代数控机床已大量使用高集成度和高质量的硬件，大大降低了数控机床的故障率。衡量可靠性的重要指标是平均无故障工作时间(MTBF)，现代数控系统的平均无故障工作时间可达到 10 000～36 000 h。此外，现代数控系统还具有人工智能功能的故障诊断系统，能对发生的和潜在的故障发出警报，提出解决方法。

3. 智能化

数控系统应用高技术的重要目标是智能化，主要体现在以下几个方面：

(1) 自适应控制技术。通常数控机床是按照预先编好的程序进行工作的，由于加工过程中的不确定因素，如毛坯余量和硬度的不均匀、刀具的磨损等难以预测，为了保证质量，编程时一般采用比较保守的切削用量，从而降低了加工效率。自适应控制系统可以在加工过程中随时对主轴转矩、切削力、切削温度、刀具磨损参数进行自动检测，并由微处理器进行比较运算后及时调整切削参数，使加工过程始终处于最佳状态。

(2) 自动编程技术。为了提高编程效率和质量，降低对操作人员技术水平的要求，现代数控系统附加人机会话自动编程软件，实现自动编程。

(3) 具有设备故障自诊断功能。数控系统发生故障，控制系统能够进行自诊断，并自动采取排除故障的措施，以适应长时间无人操作环境的要求。

(4) 引进模式识别技术。应用图像识别和声控技术，使机器能够根据零件的图像信息，按图样自动加工，也可按照自然语言指令进行加工。

4. 具有更高的通信功能

为了适应自动化技术的进一步发展，一般数控系统都具有 RS232 和 RS422 高速远距离串行接口，可按照用户级的要求，与上一级计算机进行数据交换。高档的数控系统应具有直接数字控制 DNC(Direct Numerical Control)接口，可以实现几台数控机床之间的数据通信，也可以直接对几台数控机床进行控制。不少数控系统采用 MAP(Manufacturing Automation Protocol)工业控制网络，可以很方便地进入柔性制造系统和计算机集成制造系统。

5. 开放性

由于数控系统生产厂家技术的保密，传统的数控系统是一种专用封闭式系统，各个厂家的产品之间以及与通用计算机之间不兼容，维修、升级困难，难以满足市场对数控技术的要求。针对这些情况，人们提出了开放式数控系统的概念，国内外数控系统生产厂家正在大力研发开放式数控系统。开放性数控系统具有标准化的人机界面和编程语言，软、硬件兼容，维修方便。

学习模块 3　自动化生产线的应用

随着工业生产的发展和工厂规模的日益扩大，产品产量不断提高，原来的单机生产已经不能满足现代生产需求。规模大的现代化工厂都将由电子计算机、智能机器人、各种高级的自动化机械以及智能型检测、控制、调节装置等按产品生产工艺的要求而组合成的全自动生产系统进行生产作业。

这种全自动生产系统是在流水生产线的基础上发展起来的，它不仅要求线体上各种机械加工装置能自动地完成预定的各道工序及工艺过程，使产品成为合格的制品，而且要求在装卸工件、定位夹紧、工件在工序间的输送、工件的分拣以及包装都能自动地进行，使其按照规定的程序自动地完成工作，它能进一步提高生产效率和改善劳动条件，因此在工业生产应用中发展很快。

工作情境

自动化生产线能组成一个完整的系统，由于它是概括了传感技术、驱动技术、机器技术、接口技术、计算机技术等技术，将一组自动机床和辅助装备按照工艺顺序联结起来，自动实现产品全部或部分制造过程的生产系统。自动化生产线在各行业有着种种市场的需求，需求有效的概括及构造，来优化整体的装备。

采用自动线进行生产的产品应有足够大的产量，产品设计和工艺应先进、稳定、可靠，并在较长时间内保持基本不变。在大批、大量生产中采用自动线能提高劳动生产率，稳定和提高产品质量，改善劳动条件，缩减生产占地面积，降低生产成本，缩短生产周期，保证生产均衡性，有显著的经济效益。

1. 汽车工业的应用

汽车自动化组装生产线是人和机器的有效组合，它将输送系统、夹具、检测设备等组合在一起，以满足多品种产品的装配要求。其传输方式有同步传输的/(强制式)也可以是非同步传输/(柔性式)，根据配置的选择实现自动装配。汽车自动化装配线也叫自动化组装生产线，是流水线的一种。主要可分为：动力总成装配生产线(发动机、变速箱、滑柱、副车架等)、底盘装配生产线(前桥、后桥、转向节等)、内饰装配生产线(仪表板等)、车门装配生产线等等。

汽车自动化装配生产线由输送、装配、检测、包装等工艺系统设备组成，各系统设备可由差速线、链板线、皮带线、智能专机等柔性作业设备及 PLC 组合而成。一般采用底板直接异步输送、直接定位的方案，根据工作内容和生产节拍，装配线的机械、控制、气动等系统均采用积木式组合结构，以实现高效生产自动化。

图 3.3.1　自动化生产线在汽车工业的应用

2. 电子工业的应用

电子产品自动化生产线是电子产品从线路板贴装到成品包装的生产线，它的流程即从电子元器件到 PCB 插件、焊接、检测、组装、包装一系列生产流程所走线路。对其进行组织，让其能在无人状况下或少人状况下从原材料到产品。电子产器自动化生产线主要有以下几个流程：

(1) PCB 的导入，自动流入 PCB。

(2) PCB 的锡膏的印刷，如：锡膏印刷机。

(3) PCB 锡膏的检测，如：SPI 锡膏检测机。

(4) 元器件的插装，如：AI DIP 元件插装。

(5) 贴片元器件的贴装，如：贴片机。

(6) 元件的焊接，如：回流焊和波峰焊。

(7) 焊接的检测，如：ICT 在线测试仪 PTI816，ATE 测试仪等测试设备。

(8) 产品的组装，如：自动打螺丝，自动安装机。

(9) 成品的测试，如：FCT 功能测试仪，自动化测试设备。

(10) 老化测试及稳定测试：如老化房，性能测试仪。

(11) 产品包装，如：自动打包机。

学 习 单 元 3　机电产品与系统的应用与维护

走进中国工厂：令人震撼的 UE ELECTRONIC 自动化生产线

图 3.3.2　自动化生产线在电子工业的应用

除了以上工作情境外，自动化生产线设备在工业生产中覆盖五金、电子、汽车、纺织、化工、食品和医药等广泛行业。汽车行业的汽车零部件制造和安装、食品行业的生产、运输和包装、电子和电气生产线的产品运输以及物流行业的仓储设施也得到了广泛应用，这些行业最具代表性。

自动化设备：全自动绕线机，全自动焊锡机，自动组装机，自动测试机 全自动分切机 全自动激光打标机、自动封口机、自动锁螺丝机等。

自动化生产线：自动化流水线、滚筒生产线、皮带生产线、链板生产线、烘干生产线、装配生产线、差速链生产线、插件生产线、组装生产线等。

食品、饮料加工设备：饮料自动生产线、食品包装机械、休闲食品加工设备罐头食品加工设备。

包装类：自动封口机、自动贴标机、自动贴膜机、自动喷码机、自动打包机、自动烫金机。

塑料机械：自动注塑机、色母分选机、色母称重机、塑料去毛刺设备。

插头开关行业设备：插头弹片自动铆银点机、插头极片自动倒角铣槽机、微动开关自动组装机、墙壁开关插头插座、排插开关自动化组装机、接线端子自动组装机、插座三极模块自动组装机。

194

电池行业：充电宝自动组装生产线、自动叠片机、电池全自动焊接机、全自动封装机、极片入壳机、电池冷热压机、自动注液机、极片自动冲切机、电池切边，折边，烫边机。

汽车制造行业：轮毂自动打磨抛光、汽车保险丝组装机、汽车自动生产线、汽车连接器自动组装机。

连接器：麻花针自动生鼓腰机、线簧孔自动穿丝机、插针自动压接机、插针针径分选机、RJ 连接器自动组装机、连接器自动插针机、光纤自动组装机、插孔自动收口机、麻花针自动检测校位机、USB 自动组装机、HDMI 母座自动插端机、汽车连接器自动组装机。

五金配件行业：门窗传动器自动组装机、弹簧钢珠半自动组装机、合页自动组装机、门把手自动组装机、门把手自动打磨抛光机、月牙锁自动组装机、转向角自动折弯机、五金型材自动切割机。

手机行业：手机接口自动组装机、手机屏幕贴膜机、手机屏蔽罩贴附机、手机屏幕贴膜机、手机自动喷码机。

安防锁具自动组装机：锁芯自动钻孔扩圆机、锁芯自动组装机、锁芯自动钻孔机、钥匙自动铣牙去毛边机。

化妆品容器泵头系列：扳机泵头自动组装机、标准扳机自动组装机、化学剂泵头自动组装机、医用消毒泵头自动组装机。软硬管组装机。

电子电器行业：耳机自动组装机、LED 灯自动组装机、点火器自动组装机、电器部件自动组装机、饮水器制冷片自动焊锡机、骨架自动插针机。

机器人自动化设备：机器人自动化焊接、机器人自动打磨抛光、机器人自动化取料。

3.3.1 自动化生产线基础知识

1. 自动化生产线的概念

人们把按轻工工艺路线排列的若干自动机械，用自动输送装置连成一个整体，并用控制系统按要求控制的、具有自动操纵产品的输送、加工、检测等综合能力的生产线称作自动化生产线，简称自动线或生产线。

自动化生产线是由工件传送系统和控制系统，将一组自动机床和辅助设备按照工艺顺序连接起来，自动完成产品全部或部分制造过程的生产系统。

20 世纪 20 年代，随着汽车、滚动轴承、小型电动机和缝纫机等工业的发展，机械制造中开始出现自动化生产线，最早出现的是组合机床自动化生产线。在 20 世纪 20 年代之前，首先是汽车工业出现了流水生产线和半自动化生产线，随后发展成为自动化生产线。第二次世界大战后，在工业发达国家的机械制造业中，自动线的数目急剧增加。

采用自动化生产线进行生产的产品应有足够大的产量；产品设计和工艺应先进、稳定、可靠，并在较长时间内保持基本不变。在大批、大量生产中采用自动化生产线能提高劳动生产率，稳定和提高产品质量，改善劳动条件，缩减生产占地面积，降低生产成本，缩短生产周期，保证生产均衡性，有显著的经济效益。

2. 自动化生产线的优点

自动化生产线在无人干预的情况下按规定的程序或指令自动进行操作或控制的过程，

其目标是"稳、准、快"。自动化技术广泛用于工业、农业、军事、科学研究、交通运输、商业、医疗、服务和家庭等方面。采用自动化生产线不仅可以把人从繁重的体力劳动、部分脑力劳动以及恶劣、危险的工作环境中解放出来,而且能扩展人的器官功能,极大地提高劳动生产率,增强人类认识世界和改造世界的能力。

3. 自动化生产线的应用范围

机械制造业中有铸造、锻造、冲压、热处理、焊接、切削加工和机械装配等自动线,也有包括不同性质的工序如毛坯制造、加工、装配、检验和包装等的综合自动化生产线。

切削加工自动化生产线在机械制造业中发展最快、应用最广,主要有:用于加工箱体、壳体、杂类等零件的组合机床自动化生产线;用于加工轴类、盘环类等零件的,由通用、专门化或专用自动机床组成的自动化生产线;旋转体加工自动化生产线;用于加工工序简单、零件小型的转子自动化生产线等。

(1)先确定节拍时间:不论何种制品,皆在其必须完成的恰好时间内制造。
(2)单位流程:只针对一项产品,进行单位配件的搬运、装配、加工及素材的领取。
(3)先导器:制作以目视即能了解节拍时间的装置。
(4)U形生产线:将设备依工程顺序逆时针排列,并由一人负责出口及入口。
(5)AB控制:只有当后工程无产品,而前工程有产品的情形,才进行工程。
(6)灯号:传达生产线流程中产品异状的装置。
(7)后工程领取:生产线的产品要适应后工程的需求。

3.3.2 自动化生产线的组成

自动化生产线是在流水生产线的基础上发展起来的,它能进一步提高生产率和改善劳动条件,因此在轻工业生产中发展很快。

自动化生产线主要由基本设备、运输储存装置和自动控制系统三大部分组成,如图3.3.3所示。运输储存装置和自动控制系统乃是区别流水线和自动化生产线的重要标志。

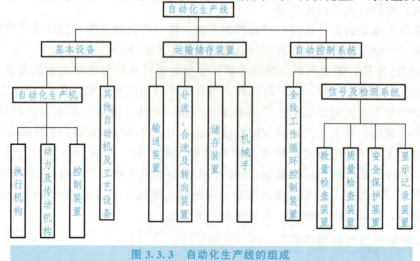

图 3.3.3 自动化生产线的组成

1. 基本设备

它主要指自动化生产机、其他自动机及工艺设备。其中，自动化生产机是最基本的工艺设备，由三部分组成：

(1)执行机构：它是实现自动化操作与辅助操作的系统。

(2)动力及传动机构：它给自动化生产机提供动力来源，并能将动力和运动传递给各个执行机构或辅助机构。

(3)控制装置：它的功能是控制自动化生产机的各个部分，将运动分配给各执行机构，使它们按时间、顺序协调动作，由此实现自动化生产机的工艺职能，完成自动化生产。

2. 运输储存装置

它是自动化生产线上的必要辅助装置，主要包括输送装置、分流、合流及转向装置、储存装置和机械手四大部分。

3. 自动控制系统

它由两部分组成：

(1)全线工作循环控制装置。它根据确定的工作循环来控制自动化生产机及运输储存装置工作。

(2)信号及检测系统。它由数量检查、质量检查、安全保护及显示记录四个装置组成，实现信号采集、检测及其他辅助控制功能。

通常，在自动化生产线的终端，由人驾驶运输工具(如铲车)将生产成品运往仓库或集装箱运输车上，个别的也可设置移动式堆码机来完成最后这一道工序。

3.3.3 自动化生产线的类型

根据自动化生产线的组成方式，可以将其分为以下三类。

1. 刚性自动化生产线(或称同步自动化生产线)

如图 3.3.4(a)所示，刚性自动化生产线中各自动机用运输系统和检测系统等联系起来，以一定的生产节拍进行工作。这种自动化生产线的缺点是：当某一台自动机或个别机构发生故障时，整条线将会停止工作。

2. 柔性自动化生产线(或称非同步自动化生产线)

如图 3.3.4(b)所示，柔性自动化生产线中各自动机之间增设了储料器。当后一工序的自动机出现故障停机时，前一道工序的自动机可照样工作，半成品送到储料器中储存；如前一道工序的自动机因故障停机，则由储料器供给所需半成品，使后面的自动机能继续工作下去。可见，柔性自动化生产线比刚性自动化生产线有较高的生产率。但是，储料器的增加，使投资加大，多占用场地，同时储料器本身可能出现故障，因此，应全面考虑各方面因素，合理选用和设置自动化生产线种类。

3. 组合自动化生产线

如图 3.3.4(c)所示，组合自动化生产线中一部分自动机利用刚性(同步)连接，即把不容易出故障的相邻自动机按刚性连接,另一部分则采用柔性(非同步)连接。

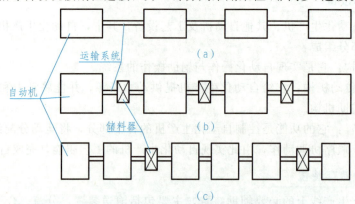

图 3.3.4　自动化生产线的类型
(a)刚性自动线组成；(b)柔性自动线组成；(c)组合自动线组成

3.3.4　自动化生产线的发展趋势

1. 高速化

提高自动化生产线速度是提高劳动生产率的主要途径。据报道,在国外,糖果包装机的工作速度达 1 200 粒/min,卷烟机达到 4 000 支/min,工业缝纫机达 7 500 r/min,而我国现有水平分别为 500 粒/min、1 000 支/min、3 000 r/min。由此可见,高速化是自动化生产线发展的一个重要趋势和目标。

2. 综合自动化

生产过程自动化是现代生产线的重要标志。在自动化机械中,采用机、电、液、气相结合的综合自动化,可使自动化轻业机械的结构进一步简化。另外,采用电子自控技术,使其不仅能自动的完成加工工艺操作和辅助操作,而且能自动检测、自动判断记忆、自动发现和排除故障、自动分选和剔除废品,可大大提高自动机械的自动化程度。

近年来包装工来得到了较大的发展,逐渐发展成为独立的工业部门。而现代包装进一步的自动化不只是单纯包装操作,已发展成为包括包装容器的制作、包装物品听计量、包装材料商标图案的印刷、包装产品的检测以及执行包装操作的多种工艺任务的综合自动化。

3. 采用自动化生产线

用传送装置和控制装置把几台单机有机地连接在一起,组成自动化生产线,也是当前发展的一个重要趋势。这可以进一步提高劳动生产率,降低成本,改善劳动条件。数字控制机床、工业机器人和电子计算机等技术的发展,以及成组技术的应用,将使自动线的灵活性更大,可实现多品种、中小批量生产的自动化。多品种可调自动线,降低了自动线生产的经济批量,因而在机械制造业中的应用越来越广泛,并向更高度自动化的柔性制造系统发展。

自动生产线的建立已为产品生产过程的连续化、高速化奠定了基础。今后不但要求有更多的不同产品和规格的生产自动线,并且还要实现产品生产过程的自动化,即向自动化生产车间和自动化生产工厂的方向发展。

4. 利用机器人技术,采用自动化生产线成套装备

目前,国外汽车行业、电子和电气行业、物流与仓储行业等已大量应用机器人技术来提高产品质量和生产效率。"工业机械手"包括通用型和专用型两种。通用型机械手能改变工作程序以适应产品的改变。当前国外"工业机械手"已发展到利用微型计算机进行控制,使机械手具有所谓"视觉"和"触觉"等功能。机器人设备的广泛使用,大大推动了这些行业的快速发展,提升了制造技术的先进性,而机器人自动化生产线成套装备也已成为自动化成套装备的主流以及未来自动化生产线的发展方向。

学习任务

步骤一 查阅相关资料

以小组(5~8人为宜)为单位,查阅相关资料或网络资源,学习以下相关知识,并进行案例收集。

(1)典型工业机器人应用的实际案例。
(2)常见的数控机床及产品加工案例。
(3)自动化生产线进行产品加工的实际案例。
(4)工业机器人、数控机床、自动化生产线的工作原理。
(5)工业机器人、数控机床、自动化生产线的主要技术与特点。

步骤二 观看《大国重器》第二季

小组间进行交流与学习,梳理知识内容,了解国家重要机电装备技术和成果,提升民族自豪感。

第一集 构筑基石

作为世界第一制造大国,中国500多种主要工业产品中有220多种产量位居世界第一。从百年梦想川藏铁路工程,到孟加拉国帕德玛大桥的千年圆梦,从中国高铁拉动一个个产业基地,到中国核工业产业链上一个个尖兵,它们托起了冶金、轴承、型材、精密仪器等数十个高端装备行业的自主创新。

第二集 发动中国

探索浩瀚宇宙,建设空天强国,中国人的飞天梦,迎来了圆梦的新时代。作为高新技术最为集中、产业溢出效应最强的领域,空天技术水平是一个国家科技实力的重要标志,也是一个国家经济实力、国防实力、综合国力的重要体现。大飞机腾空,国产飞机发动机揭开面纱;大推力火箭发动机点火试验,全景呈现;助力太空布局,中国卫星制造装备全新亮相;太空密闭生存试验,挑战全球极限。迈向航空航天强国,中国已发动引擎,全速前进。

第三集 通达天下

超级装备让人类获得超越自身的能力，工程机械制造水平和能力，成为衡量一个国家工业水平的关键指标。中国，已经是全球工程机械最大的制造基地。这是中国迈向制造强国最有可能率先跻身最先进行列的领域。

第四集 造血通脉

中国是世界上最大的能源生产国和消费国。在这个关系国家繁荣发展、人民生活改善、社会长治久安的战略领域，中国的态度是明确的——着力推动能源生产利用方式变革，建设一个清洁低碳、安全高效的现代能源体系。这背后，一个个超级装备，正成为造血通脉的利器。在全球最高等级特高压工程的起点，揭开核心重器换流变压器的制造诀窍。在全球最大的单体煤液化基地，见证高等级空分装置的中外比拼。在中国最大的页岩气开采现场，探索压裂车小身材大力气的秘密。从全球最薄的新能源电池，到全球独一无二核电双胞胎工程，中国的新能源技术已经全面发力。

第五集 布局海洋

五年来，中国海洋经济年均增速高达7.44%，高于同期世界经济增速3.8个百分点，中国海洋生产总值首次突破7万亿元。海洋正为中国经济提供澎湃动力。第一艘国产航母下水；第一次可燃冰试开采成功；从海上粮仓，到海上油气田；从海水淡化，到海上风场。依海富国，以海强国，建设海洋强国，创新发展的"蓝色中国梦"正越来越近。

第六集 赢在互联

大数据、云计算、移动互联网，新一代信息技术为代表的科技革命风起云涌，它们正以前所未有的力量，改变着人类的思维、生产、生活和学习方式。建设网络强国的愿景已经织就，信息装备和技术正成为这个东方大国赢得未来的强大驱动力。

第七集 制造先锋

信息化、工业化不断融合，以机器人技术为代表的智能装备产业蓬勃兴起。2017年，中国继续成为全球第一大工业机器人市场，销量突破12万台，约占全球总产量的三分之一。在这个世界上最大、最完备的工业体系内，智能制造正成为先锋，引领中国工业制造一场前所未有的变革。

第八集 创新体系

创新是引领发展的第一动力，是建设现代化经济体系，推动经济高质量发展的战略支撑。蓝鲸一号、天眼、大飞机、国产航母，一个个大国重器精彩亮相，让国人自豪、世界赞叹。而这些举世瞩目的成就背后，无一不体现着中国集中力量办大事的独有优势。

学习评价

序号	评价指标	评价内容	分值	学生自评	小组评分	教师评分	合计
1	职业素养	劳动纪律，职业道德	10				
2		积极参加任务活动，按时完成工作任务	10				
3		团队合作，交流沟通能力，能合理处理合作中的问题和冲突	10				
4		爱岗敬业，安全意识，责任意识	10				
5		能用专业的语言正确、流利地展示成果	10				
6	专业能力	了解工业机器人、数控机床、自动化生产线的典型工作情境	10				
7		掌握工业机器人、数控机床、自动化生产线的工作原理	10				
8		掌握工业机器人、数控机床、自动化生产线的主要技术与特点	10				
9		了解典型机电设备的的发展趋势和展望	10				
10	创新能力	创新思维和行动	20				
总　分			120				

教师签名：　　　　　　　　　　　　　　学生签名：

问题记录和解决方法	记录任务实施中出现的问题和采取的解决方法

单元小结

1. 工业机器人

(1) 工业机器人的定义和发展过程。国际标准化组织(ISO)基本上采纳了美国机器人协会的提法,将工业机器人定义为:"一种可重复编程的多功能操作手,用以搬运材料、零件、工具或者是一种为了完成不同操作任务,可以有多种程序流程的专门系统"。

我国将工业机器人定义为:"一种能自动定位控制、可重复编程的、多功能的、多自由度的操作机。它能搬运材料、零件或操作工具,用以完成各种作业"。我国将操作机定义为:"具有和人手臂相似的动作功能,可在空间抓放物体或进行其他操作的机械装置"。

工业机器人具有以下三个重要特性。

①它是一种机械装置,可以搬运材料、零件、工具或者完成多种操作和动作功能,即具有通用性。

②它可以再编程,具有多种多样程序流程,这为人—机联系提供了可能,也使之具有独立的柔软性。

③它有一个自动控制系统,可以在无人参与下,自动地完成操作作业和动作功能。

工业机器人的发展通常可划分为三代,即第一代工业机器人;第二代工业机器人;第三代工业机器人。

(2) 工业机器人的结构和分类。一个较完善的工业机器人一般由操作机、驱动系统、控制系统及人工智能系统等部分组成。

工业机器人的分类:

①按操作机坐标形式分类,直角坐标型工业机器人、圆柱坐标型工业机器人、球坐标型工业机器人、多关节型工业机器人、平面关节型工业机器人。

②按控制方式分类,点位控制(PTP)工业机器人、连续轨迹控制(CP)工业机器人。

③按驱动方式分类,气动式工业机器人、液压式工业机器人、电动式工业机器人。

(3) 工业机器人控制系统的特点和基本要求。工业机器人控制系统特点如下:

①工业机器人有若干个关节,多个关节的运动要求各个伺服系统协同工作。

②工业机器人的工作任务是要求操作机的手部进行空间点位运动或连续轨迹运动,对工业机器人的运动控制,需要进行复杂的坐标变换运算以及矩阵函数的逆运算。

③工业机器人的控制中经常使用前馈、补偿、解耦和自适应等复杂控制技术。

④较高级的工业机器人要求对环境条件、控制指令进行测定和分析,采用计算机建立庞大的信息库,用人工智能的方法进行控制、决策、管理和操作,按照给定的要求,自动选择最佳控制规律。

对工业机器人控制系统的基本要求有：

①实现对工业机器人的位姿、速度、加速度等的控制功能，对于连续轨迹运动的工业机器人，还必须具有轨迹的规划与控制功能。

②方便的人—机交互功能，操作人员采用直接指令代码对工业机器人进行作业指示。使工业机器人具有作业知识的记忆、修正和工作程序的跳转功能。

③具有对外部环境（包括作业条件）的检测和感觉功能。

④具有诊断、故障监视等功能。

(4) 工业机器人的应用。工业机器人的应用很广泛，主要是因为具有如下的特点：可从事单调重复的劳动，可从事危险作业，具有很强的通用性，具有独特的柔软性，具有高度的动作准确性，可明显提高生产率和大幅度降低产品成本。

2. 数控机床

(1) 数控技术

数控（NC）技术全称为数字控制（Numerical Control）技术，是一种自动控制技术，它用数字指令来控制机床的运动。采用数控技术的自动控制系统称为数控系统。

(2) 数控机床的组成与工作原理

数控机床一般由信息载体、数控系统和机床本体组成。

数控机床的工作原理：首先，根据零件加工图样的要求确定零件加工的工艺过程、工艺参数和刀具位移数据，再按编程手册的有关规定编写零件加工程序。其次，把零件加工程序输入数控系统。数控装置的系统程序将对加工程序进行译码与运算，发出相应的命令，通过伺服系统驱动机床的各运动部件并控制所需要的辅助动作。最后，加工出合格的零件。

(3) 数控机床的特点

①数控机床的优点：高柔性、高精度、高效率、自动化程度高，能加工复杂型面、便于现代化管理。

②数控机床的缺点：价格高；调试和维修比较复杂，需要专门的技术人员；对编程人员和操作人员的技术水平要求较高。

(4) 数控机床的分类

①按工艺用途分类：普通数控机床、加工中心机床、金属成型类数控机床、多坐标数控机床、数控特种加工机床。

②按机床运动的控制轨迹分类：点位控制数控机床、直线控制数控机床、轮廓控制数控机床。

③按伺服系统的控制方式分类：开环控制系统的数控机床、闭环控制系统的数控机床、半闭环控制系统的数控机床。

④按数控系统功能水平分类：经济型数控机床、普及型数控机床、高档型数控机床。

(5) 数控机床的发展趋势

数控系统正朝着高速化和高精度化、高可靠性、智能化、具有更高的通信功能及开放性等方向发展。

3. 自动化生产线

人们把按轻工工艺路线排列的若干自动机械,用自动输送装置连成一个整体,并用控制系统按要求控制的、具有自动操纵产品的输送、加工、检测等综合能力的生产线称作自动生产线,简称自动线或生产线。自动化生产线主要由基本设备、运输储存装置和自动控制系统三大部分组成。

根据自动化生产线的组成方式,可以将其分为以下三类:刚性自动化生产线(或称同步自动化生产线)、柔性自动化生产线(或称非同步自动化生产线)、组合自动化生产线。

自动化生产线的发展趋势:高速化;综合自动化;采用生产自动线;利用机器人技术,采用自动化生产线成套装备。

单元检测

1. 简述工业机器人所具有的三个重要特征。
2. 工业机器人有哪些组成部分?
3. 按操作机坐标形式分类,工业机器人可分为哪几类,其异同点分别是什么?
4. 三代工业机器人对应的控制系统是什么?
5. 目前,工业机器人在应用领域中体现了哪些特点?
6. 试举一种工业机器人,分析其运动形式及主要用途。
7. 什么是数控技术?什么是计算机数控系统?什么是数控机床?
8. 数控机床由哪几部分组成?
9. 数控系统由哪几部分组成?各部分的基本功能是什么?
10. 数控机床的工作原理是什么?
11. 数控机床有哪些优点和缺点?
12. 数控机床适合加工哪些零件?
13. 大批量生产时选用数控机床加工合适吗?
14. 何谓点位控制、直线控制和轮廓控制?三者有何区别?
15. 数控机床按伺服系统的控制方式分为哪三类?它们各有何特点?
16. 经济型数控机床一般采用什么控制方式?
17. 数控系统有何发展趋势?
18. 数控系统有哪两个重要技术指标?
19. 什么是自动化生产线?
20. 自动化生产线由哪几部分组成?各部分的作用是什么?
21. 自动化生产线有哪几种类型?各自的优缺点是什么?

学习单元 4

机电技术的职业面向与职业发展

知识图谱

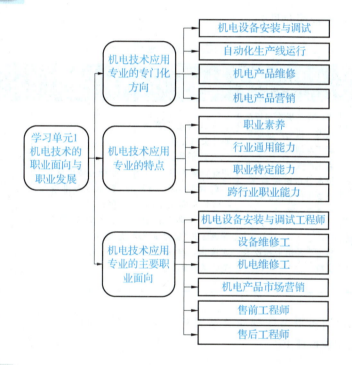

学习目标

(1) 强化安全意识、质量意识、敬业精神、团结协作等职业素养。
(2) 理解"工匠精神"内涵，体验不同企业岗位职责与工作流程，促进匠心、匠技培养。
(3) 了解机电技术应用专业的岗位设置。
(4) 熟悉机电技术应用专业岗位的工作职责、职业素养。
(5) 了解机电技术专业的未来就业趋势。

学习单元 4 机电技术的职业面向与职业发展

学习模块 1　机电技术应用专业的特点

机电技术应用专业是培养与我国社会主义现代化建设要求相适应，德、智、体、美全面发展，具有良好的职业道德和职业素养，掌握机电技术应用专业对应职业岗位必备的知识与技能，能从事自动化设备和自动生产线的安装、调试、运行、维护和营销等工作，具备职业生涯发展基础和终身学习能力，能胜任生产、服务、管理一线工作的高素质劳动者和技术技能人才。

机电技术应用专业简介见表 4.1.1。

表 4.1.1　机电技术应用专业简介

专门化方向	主要岗位群或技术领域举例	职业资格和职业技能等级证书举例	继续学习专业	
机电设备安装与调试	机电设备操作与维修技术、机电产品制造加工及调试技术、自动生产线生产运维及技术升级改造技术、机电生产车间的运行与技术管理	・人社部电工高级职业资格证书 ・人社部钳工高级职业资格证书 ・教育部等四部门在院校实施"学历证书＋若干职业技能等级证书"制度试点方案内，与专业相关的试点证书。	高职： ・机电一体化技术 ・机电设备维修与管理 ・自动化生产设备应用	本科： ・机械设计制造及其自动化 ・机械工程 ・电气工程及其自动化
自动化生产线运行				
机电产品维修				
机电产品营销	机电产品销售和技术支持			

每个专门化方向可根据区域经济发展对人才需求的不同，任选一个工种，获取职业资格证书。

1. 职业素养

(1) 坚定拥护中国共产党领导和我国社会主义制度，在习近平新时代中国特色社会主义思想指引下，践行社会主义核心价值观，具有深厚的爱国情感和中华民族自豪感。

(2) 崇尚宪法、遵法守纪、崇德向善、诚实守信、尊重生命、热爱劳动，履行道德准则和行为规范，提高职业素养，具有社会责任感和社会参与意识。

(3) 具有质量意识、环保意识、安全意识、信息素养、工匠精神、创新思维、全球视野和市场洞察力。

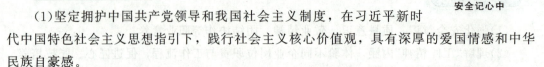

安全记心中

了解工匠精神

(4)勇于奋斗、乐观向上，具有自我管理能力、职业生涯规划的意识，有较强的集体意识和团队合作精神。

(5)具有健康的体魄、心理和健全的人格，掌握基本运动知识和1～2项运动技能，养成良好的健身与卫生习惯，良好的行为习惯。

(6)具有一定的审美和人文素养，能够形成1～2项艺术特长或爱好。

2. 职业能力

1）行业通用能力

(1)识读图样能力：具有识读中等复杂机械零件图、装配图、电气原理图、接线图，液压、气动系统图的能力；具有应用计算机绘图软件抄画机械和电气图样的能力。

(2)工具、量具及仪表选用能力：具有常用机械加工工具、量具、刀具选用的能力；具有常用电工、电子仪表选用的能力。

(3)材料及元器件选用能力：具有常用金属材料的选用能力；具有识别和选用导线、低压电器、传感器及常用电工电子元件的能力；具有选用常用液压和气动元件的能力。

(4)机电设备的使用能力：具有识读常用机电设备技术资料的能力；具有操作常用机电设备的能力；具有维护和保养常用机电设备的能力；具有机电设备常见故障排除的基础能力。

(5)机电产品的制作能力：具有识读各种工艺卡片的能力；具有手工制作简单机械零件的能力（初级）；具有运用常用机电设备制作简单机械零件的能力；具有制作简单电子产品的能力；具有PLC程序编制的基础能力；具有简单机电设备机械装调的基础能力（初级）；具有常用电气控制线路装调的基础能力（初级）；具有常用液压、气动系统装调的基础能力；具有机电产品制作质量控制的能力。

2）职业特定能力

(1)机电设备安装与调试：具有编制和实施机电设备机械或电气安装工艺的能力（中级）；具有典型机电设备整机调试的能力（中级）；具有机电设备机械修复或电气故障排除的能力（中级）；具有运用PLC及变频技术对机电设备实施电气控制改造的基础能力。

(2)自动化生产线运行：具有编制和实施自动化设备及生产线机械或电气安装工艺的能力（中级）；具有自动化设备及生产线运行和维护的能力；具有自动化设备及生产线整机调试的能力（中级）；具有运用PLC及变频技术对自动化设备及生产线实施简单改造的能力。

(3)机电产品维修：具有编制和实施机电产品机械或电气安装工艺的能力；具有典型机电产品整机调试的能力（中级）；具有典型机电产品机械或电气故障诊断及检测的能力（中级）；具有机电产品机械修复或电气故障排除的能力（中级）。

(4)机电产品营销：具有典型机电产品成本核算的基础能力；具有典型机电产品营销的能力；具有典型机电产品装调、运行的能力（中级）；具有机电产品售后服务的能力。

3）跨行业职业能力

(1)具有适应岗位变化的能力。

(2)具有企业管理及生产现场管理的基础能力。

(3)具有创新和创业的基础能力。

学习模块2 机电技术应用专业的主要职业面向

机电技术是指在机构的主功能、动力功能、信息处理功能和控制功能上引进电子技术，将机械装置与电子化设计及软件结合起来所构成的系统的总称。其基本特征可概括为：机电技术是从系统的观点出发，综合运用机械技术、微电子技术、自动控制技术、计算机技术、信息技术、传感测控技术、电力电子技术、接口技术、信息变换技术以及软件编程技术等群体技术，根据系统功能目标和优化组织目标，合理配置与布局各功能单元，在多功能、高质量、高可靠性、低能耗的意义上实现特定功能价值，并使整个系统最优化的系统工程技术。由此而产生的功能系统，则称为一个机电一体化系统或机电一体化产品。机电技术是基于上述群体技术有机融合的一种综合技术，而不是机械技术、微电子技术以及其他新技术的简单组合、拼凑。这是机电一体化与机械加电气所形成的机械电气化在概念上的根本区别。

20世纪90年代后期，人类社会开始了机电技术向智能化方向迈进的新阶段，机电一体化进入深入发展时期。一方面，光学、通信技术等进入了机电一体化，微细加工技术也在机电一体化中崭露头角，出现了光机电一体化和微机电一体化等新分支；另一方面对机电一体化系统的建模设计、分析和集成方法，机电一体化的学科体系和发展趋势都进行了深入研究。同时，人工智能技术、神经网络技术及光纤技术等领域取得巨大进步，为机电一体化技术开辟了发展的广阔天地。未来的机电技术更加注重产品与人的关系，机电一体化的人格化有两层含义：一层是机电一体化产品的最终使用对象是人，如何赋予机电一体化产品人的智能、情感、人性显得越来越重要，特别是对家用机器人，其高层境界就是人机一体化；另一层是模仿生物机理，研制各种机电一体化产品。

企业对高质量产品的追求使越来越多的企业更关注员工的"质量"，很多机电企业用人时，一方面考察其专业教育的背景，但更关注人的社会能力和非智力素质，善于与别人交流，正确的价值观、敬业精神、吃苦精神、纪律性、责任心、工作态度。

机电技术应用专业从事的职业岗位（群）有机械设计制造、电工电子、计算机网络、机电一体化控制等方面，机电产品性能及机电设备安装、调试、运行、检测与使用维修方面，机电一体化产品的设计开发、制造及设备控制、生产组织管理，可承担电子、机械、信息及其交叉领域中的相关技术工作。稳定而熟练的操作工是完成生产任务的基本保障，而要使产品在生产过程中具有高质量，设备维护人员又是重要的一方面，具有更熟练的操作技能或更宽的知识面或有复合技能的人更会受到企业的欢迎。

市场调研发现机电技术应用专业是一个宽口径专业，适应范围很广，学生在校期间除学习各种机械、电工电子、计算机技术、控制技术、检测传感等理论知识外，还将参加各种技能培训和国家职业资格证书考试，充分体现重视技能培养的特点。学生毕业后主要从事加工制造业，家电生产和售后服务，数控加工机床设备使用维护，物业自动化管理系统，机电产品设计、生产、改造、技术支持以及机电设备的安装、调试、维护、销售、经营管理等。

（1）机电技术应用专业主要就业岗位：机电一体化设备的安装、调试、维修、销售及管理，普通机床的数控化改装等。

（2）机电技术应用专业次要就业岗位：机电一体化产品的设计、生产、改造、技术服务等。

4.2.1 机电设备安装与调试

产品质量是企业的生命，而设备调试与试运行是保障产品质量的重要阶段，是检验前期设计、施工、安装等工程质量的重要环节，是关系到设备正常运行和发挥应有效益的重要工作，具有技术性强、难度高等特点，其重要性表现在以下几个方面：

在调试岗位中发现并解决设备、设施、控制、工艺等方面出现的问题，确保各处建筑物、机械结构、电气设备、管网在带负荷状态下能够正常运行。结合轮胎成型机调试大纲和岗位要求调试工作实施。首先，单机调试，在完成设备安装、接线后，开始完成成型机一次元件的校验和气阀、开关等单体调试，保障各元器件正常。电气方面根据电气原路图逐极上电，验证电气方面是否正常；机械人员调试机械、气路；机械钳工安装并检查装配精度等工作。其次，在单体调试完成后进行联调，即系统调试。联调必须熟悉成型机做胎工艺流程及工艺设备。因为所有的自控系统都是为工艺服务的，所以必须熟悉工艺流程，特别是吃透工艺对生产设备的控制要求，同时熟悉各工艺设备的性能及对安装调试的要求，这样才能明确下一步系统要实现的功能及其意义，明确下一步安装调试的内容。在系统调试时发现问题，做好调试记录，这是以后调试过程发现问题和解决问题最好的方法。在系统调试过程中，系统地从过去和当前产品中学习，不断地进行自我批评，自我否定，建立广泛的联系和信任，主张各成员保持密切联系，加强互动式学习，实现资源共享。建立学习型班组，与公司整体结合更加紧密，效率更高地工作。

调试的过程是全面检验整个系统的工艺性能能否达到设计要求。通过调试检验设备的运行性能，熟悉轮胎成型机的运行方式，了解设备的运行参数和规律，从而正确并有效地对其进行管理，制定合理的运行方式，优化设备管理，建立各设备和单元操作的操作规程。

在现代企业中，技术人员的重要性尤为突出，技术工人是体力劳动和脑力劳动两者相兼的技能型人才。高技能人才和能工巧匠是生产一线的技术带头人，他们在技术攻关、新技术传授、高技术的生产加工、复杂设备的调试维护、事故隐患的防止排除等方面，起着非常重要的作用。企业的高技能人才是企业出效益、创优质、保安全的重要保证。

调试岗位技术性强、难度高、知识面广等特点，以及新技术不断更新，要求调试人员不仅有超强技能，而且始终要有谦卑的学习态度，努力掌握新知识。下面给出调试工程师要完成的工作职责以供参考。

职责1	参与制定并修改设备调试工作规章制度与操作规范
职责2	参与设备的招标选型和技术管理工作
职责3	制订设备调试工作计划、调试用具采购计划，经设备部经理审批后执行
职责4	组织编写调试方案，经设备部经理审批后执行
职责5	组织严格按照调试工作操作规范进行设备调试，确保设备正常运行
职责6	安排现场安装调试，维持现场秩序，组织、监督相关人员的工作
职责7	组织编写调试工作报告，并按规定上交设备部经理
职责8	管理、维护检验状态的标识及检测仪表仪器，并进行规范化使用
职责9	归档管理设备调试相关的过程文件、技术文件及资料等
职责10	完成上级领导临时交办的其他任务

4.2.2 机电产品维修

设备维修工负责所有机电设备的安全运行、保养运行、更换和安装工作。按维修单及时做好问题诊断与维修；按设备保养手册和设备说明书制定保养计划建议，完成预防性维护保养工作，降低产品报废率，减少维修费用，降低停机工时。

设备维修工应认真执行机电设备养护、维修分工责任制的规定，严格遵守各项规章制度及设备维护、检修规程，保证检修质量，熟练地掌握单位机电设备的原理、性能，各种保护装置及实际操作与维修；对工作认真负责、踏踏实实、任劳任怨、忠于职守，对业务认真钻研、精益求精；认真做好检查保养工作，发现问题及时解决；使分工范围内的电气线路、设备、设施始终处于良好的养护状态，保证不带故障运行；负责所管辖机电设备的维护、检修工作；严格遵守维修操作规程，文明检修，保证在运转设备良好，备用设备好用，达到完好标准；提高安全意识，严格遵守操作规程，正确使用设备，做到"四懂三会"，维修作业前应穿戴好劳保用品；严格执行安全动火制度，处理好现场，配备好消防器材，有权拒绝违章指挥；负责检修施工、各项焊接工作中设备、工具、材料的妥善保管和使用，不得发生设备事故和人身事故。

1. 设备维修工岗位责任制

(1) 必须服从上级安排，以保证操作工安全为先。随叫随到，不推卸，不敷衍。

(2) 必须保证所有设备完好。善于发现设备故障隐患，不出现设备问题，不影响安全生产。

(3) 必须在工作中保证自身和周围人员安全，劳保用品穿戴齐全，及时预防安全隐患。

(4) 不出现因没有仔细核对而造成的错误。

(5) 不准将维修工具、配件等物品在维修地点以外长时间放置，应及时整理、入库，维修工作完成后要及时清理现场，不能将卫生问题遗留给操作工。

(6) 维修班长班前先了解设备情况，按轻重缓急合理安排维修工作。

(7) 值班人员除及时排除设备故障外，应定时清理现场。

(8) 闲时进行必要的技术改造，节能降耗，提高生产效率，降低职工劳动强度。

(9) 做好备用设备的维护保养工作。

2. 机电维修工岗位责任制

(1) 负责对生产系统电气设备的检查和维修工作。

(2) 严格执行有关规定，严禁带电作业，按时检查、维修各种电气设备。

(3) 严格检修质量，所检修的设备必须达到完好标准，并做好检修记录。

(4) 及时准备各设备所需要的备件、材料，为维护、保养设备提供方便条件，同时要管好、用好备件、材料。

(5) 认真进行交接班，对本班设备运转情况和存在问题，如实地向下班交待。

(6) 努力钻研技术，掌握设备的性能、工作原理、技术数据、运行情况等，并要做到会使用、会保养、会维修、会排除故障，管好、用好、修好所负责的电气设备。

4.2.3 机电产品销售

机电产品营销岗位是指从业者从事机电产品的销售与服务、市场开拓与管理、客户关系维护，以及信息加工与处理等方面工作的复合型岗位。

1. 机电产品市场营销岗位工作概要

(1) 机电产品市场营销岗位工作内容。

① 遵守营销人员基本职业道德，提升自身综合素质。

② 使用正确的方法对机电产品市场信息进行收集与处理。

③ 保持良好的商务礼仪与客户进行商务洽谈。

④ 与客户顺利地进行交流和沟通，维护良好的客户关系。

⑤ 认识主要机械产品，知道其零部件分类与加工流程。

⑥ 对客户讲解本企业产品及常规机电设备的工作原理。

⑦具备常规电工基础,熟悉常规电工材料。

⑧常规机电产品的使用与维护。

⑨根据所收集的市场信息进行营销活动策划。

⑩针对具体机电产品进行销售、服务。

⑪用常用商务英语和外贸报关业务进行国际营销活动。

⑫运用互联网等现代营销工具进行营销。

⑬正确处理有关营销工作的账务及货款回收。

⑭运用经济法规正确签订营销合同。

⑮及时处理营销活动中的物流问题。

(2)机电产品市场营销员岗位职业职责。

①运用公共礼仪与遵守职业道德。

②掌握机电产品技术。

③进行机电产品营销策划。

④实施机电产品营销服务。

⑤进行网络营销。

⑥掌握相关英语。

⑦计算机应用与分析研究能力。

(3)机电产品市场营销岗位作业环境。环境可能处于机电商品卖场、产品的批发与零售店或代理处、企业的营销部门与分支机构、各类商场、客户办公室、顾客家庭等室内与室外各种营销场所。

(4)相应工作的所用设备与辅助工具。计算机、电话、手机、电视、DVD、投影仪、小汽车等。

2. 机电产品市场营销岗位基本素质及普适性能力要求

(1)政治思想素质。熟悉我国国情,牢固树立"国家利益高于一切"的政治思想,坚持正义,自觉抵制各种危害祖国和广大人民利益的不良思想和行为。

(2)道德素质。自尊、自爱、自律、自强,遵纪守法,以诚待人、诚信经商,一切从顾客的需要出发,服务顾客,真诚关心顾客,注重细节,敢于拼搏,善于竞争。

(3)心理素质。能正确面对困难、压力与挫折,具有积极进取、乐观向上、健康平和的心态,能吃苦耐劳,勇于承担责任。

(4)身体素质。生理健全、身体健康,达到教育部和国家体育总局联合发布"学生体质健康测试标准",要求头脑灵活、形体良好、仪态端庄大方、举止文明,能胜任各种营销工作的需要。

(5)科学文化素质。对文学、历史、哲学、艺术等人文社会科学有一定了解,具有一定的文化品位、审美情趣、人文素养;具备一定的与营销应用工作相关联的数学、地理、化学等自然科学素质以及机电方面的工程素质。

(6)学习能力。应具有较好的学习习惯，一定的抽象思维能力，较强的形象思维能力、逻辑思维能力、阅读理解能力、资料查阅和信息收集能力。

(7)表达能力。具备较强的语言表达能力，能规范书写基本的商务文案，并能撰写工作计划、总结、报告、假条、借条等日常应用文；能正确组织材料、提炼观点，通过文章表达自己的真实意图；能比较标准地说普通话，达到国家二级乙等水平；具有一定的英语表达能力，能读懂简单英文资料。

(8)社会交往与团队协作能力。应具有较强的社会交际能力，组织开展活动能力，并具有团队协作和沟通能力。

(9)创新能力。具有一定的观察、发现、分析问题的能力，并能综合运用所学知识创造性解决问题。

(10)适应能力。对外部条件、环境的变化有较强的社会适应能力。

3. 机电产品市场营销岗位职业要求

对市场营销岗位，可以理解为工作在企业市场营销一线的推销员、业务员、促销员、客户服务员、市场调查员、营销信息搜集员、营销策划员、业务管理员、公共人员、产品经理、产品线经理、片区经理、公关部门经理等，岗位职业要求见表4.2.1。

表 4.2.1 市场营销岗位职业要求

岗位职责	项 目	技 能	知 识
运用公共礼仪与遵守职业道德	1. 掌握公共关系艺术 2. 掌握仪表与商务礼仪 3. 遵守职业道德规范	(1)具有一定的公共关系能力； (2)具有策划组织企业外部、内部公共关系活动能力； (3)能自觉地维护企业形象，正确地实施CIS的各种策略； (4)掌握企业中化解危机的程序与方法，能处理企业的一般营销危机； (5)能正确地使用提升企业美誉度的策略； (6)能在不同的场合从仪表、着装、姿态三个方面，运用合适的礼仪规范； (7)能运用一般礼仪知识进行介绍等； (8)能运用商务礼仪知识进行邀请、洽谈、宴请、访客； (9)掌握基本的职业道德规范，进行职业生涯规划； (10)遵守以诚待人、诚信经商的商业信条； (11)一切从顾客的需要出发，真诚关心顾客，做到始于用户需求，真诚服务顾客，终于用户满意； (12)养成积极乐观的人生态度，敢于拼搏，善于竞争，注重细节	公共关系的建立与维护 商务礼仪训练 商务交流技巧自练 商务文案 商务论坛 商务文化 思想道德修养 法律基础

学习单元 4　机电技术的职业面向与职业发展

续表

岗位职责	项　目	技　能	知　识
掌握机电产品技术	1. 掌握机械制图知识 2. 知道主要机电产品工作原理 3. 知道基本的机械加工过程 4. 知道主要金属材料性能、机电产品分类，掌握电工基本知识 5. 会操作使用一定的机器设备 6. 了解机电产品新技术和未来发展趋势	(1)掌握基本的视图原理； (2)熟练绘制一般机械零件的加工图； (3)掌握公差与配合的标注； (4)会阅读常见机电产品的图纸； (5)知道机电产品的传动原理； (6)知道常见机电产品动力系统； (7)知道常见机电产品控制系统； (8)知道常见机电产品工作原理； (9)知道铸造基本工艺过程； (10)知道焊接与热处理基本工艺过程； (11)知道车、铣、刨、磨等机械加工工艺过程； (12)掌握典型零件加工过程； (13)知道基本产品装配过程； (14)知道常见金属与非金属材料性能与牌号； (15)知道主要电动机、发动机的牌号、性能与参数； (16)知道变速装置牌号、性能与参数； (17)知道电气、液压控制的元器件与控制装置牌号、性能与参数； (18)掌握电工基础知识，会阅读电工原理图； (19)能操作一般的机床； (20)能进行多种机电产品的装配； (21)掌握易损件的更换和产品的一般维护； (22)知道常见机电产品零部件总成； (23)知道一般机电产品的控制原理； (24)了解现代数控加工制造技术	工程识图 电工基础与识别 金工实习 机械产品认识与实践 电工基础与识别 电工教学实习
机电产品营销策划	1. 熟练掌握市场调研的程序与方法，掌握市场预测的程序与方法 2. 掌握市场营销的基本原理 3. 熟练掌握机电产品营销策划原理与程序 4. 熟练掌握机电产品、价格、促销、渠道网络等方面的策划 5. 掌握机电产品营销相关法律法规	(1)能熟练地针对机电产品设计调查方案与调查问卷并开展调研； (2)能熟练进行调查资料的处理，客观分析调查结果，较好地撰写调查报告； (3)能根据预测目的搜集有关资料，选择预测方法，进行有关资料的分析与推断，并会撰写市场预测报告； (4)能根据市场的需求，结合企业的优势与劣势，正确进行营销分析、市场细分，选择目标市场，产品定位，并制定适宜的营销组合策略； (5)熟悉机电产品营销的特点与常用营销策略手段； (6)掌握目标市场定位与分析； (7)掌握产品开发策划，能撰写新产品开发建议书； (8)掌握产品定价策划，会设计制作产品价目表； (9)掌握产品营销渠道策划，会撰写产品营销渠道方案，能制定渠道成员的管理办法；	市场信息的搜集与处理 市场营销学 机电产品营销 机电营销认识 机电产品营销策划业务 营销策划实务 商务文化 机电产品销售推广与服务 营销活动中法律关系处理 营销考证培训

214

续表

岗位职责	项　　目	技　　能	知　　识
机电产品营销策划	1. 熟练掌握市场调研的程序与方法，掌握市场预测的程序与方法 2. 掌握市场营销的基本原理 3. 熟练掌握机电产品营销策划原理与程序 4. 熟练掌握机电产品、价格、促销、渠道网络等方面的策划 5. 掌握机电产品营销相关法律法规	(10)掌握销售促进策划，能根据企业与市场情况制定可行性程度较高的促销方案； (11)掌握公共关系策划，会写作一般的公关策划书； (12)能协调处理与客户关系； (13)能建立区域销售队伍，设计相应管理制度； (14)能设计区域营销网络与管理制度； (15)能制订区域市场开拓计划； (16)能策划区域促销活动； (17)能熟练运用经济合同法、广告法、消费者权益保护法、反不正当竞争等法律法规完成机电产品销售业务； (18)识别不正当竞争、虚假广告等不合法行为； (19)取得营销从业资格	市场信息的搜集与处理 市场营销学 机电产品营销 机电营销认识 机电产品营销策划业务 营销策划实务 商务文化 机电产品销售推广与服务 营销活动中法律关系处理 营销考证培训
实施机电产品营销服务	1. 熟练掌握机电产品销售的沟通技巧 2. 知道客户心理、熟练掌握谈判技巧 3. 熟练掌握机电产品销售实务 4. 掌握区域销售管理事务 5. 掌握组织机电产品促销活动的程序	(1)能礼貌接待客户； (2)能咨询、洽谈、沟通； (3)能主动回访客户，促进交流； (4)能熟练利用展台与多媒体展示机电产品； (5)能分析客户购买心理与购买行为模式，正确应对不同性格客户； (6)能独立进行谈判； (7)能把握机电产品营销的主动权； (8)能流畅地向客户介绍机电产品、明确顾客需求、把握顾客购买心理、回答顾客问题、说服顾客购买产品； (9)能正确签订与审核机电产品销售合同； (10)能做好交货、验货； (11)能做好售后、回访，以及"三包"服务； (12)能提供零配件咨询、开展相应的销售业务； (13)熟悉招投标程序，能编制招投标文件，具备一定的项目管理的能力； (14)能正确处理涉及区域销售的各种关系危机； (15)能对区域销售小组队伍进行管理； (16)能协调管理区域的经销商； (17)熟悉各种收款(现金、支票、承兑汇票、信用卡)方式与各种催款方式； (18)能布置机电产品展台； (19)能组织机电产品订货会； (20)能组织市场推广的小型活动	商务礼仪 计算机应用基础知识 商务谈判 消费心理学 推销学 商务文化 机电产品销售管理 常规营销账务处理 营销策划

续表

岗位职责	项　　目	技　　能	知　　识
进行机电产品网络营销	1. 熟悉电子商务 2. 能处理营销信息 3. 会进行机电产品网络营销	(1)具有电子商务基本知识； (2)知道如何建立电子商务环境； (3)掌握电子商务的一般操作流程； (4)能建立机电产品的信息档案； (5)能建立客户信息档案； (6)能通过网络搜集相关机电产品信息； (7)能通过网络发布机电产品商品信息； (8)能进行网络营销策划； (9)能正确进行网页推广，联系企业与个人参与网络交易； (10)能处理物流配送等具体营销实务	机电产品网络营销
掌握相关英语	1. 掌握常用商务英语 2. 熟悉机电产品英语	(1)能进行常用商务英语交流； (2)能撰写常用商务英语应用文； (3)能熟练阅读涉及机电产品的英语文章； (4)能熟练掌握机电产品常用的英语缩写贸易术语	英语 商务英语
具有计算机应用与营销问题研究能力	1. 计算机应用能力 2. 问题分析研究能力 3. 论文写作与表达能力	(1)能熟练使用 Word 软件； (2)能熟练使用 Powerpoint 软件； (3)能熟练使用 Excel 软件； (4)掌握确定企业营销问题的方法，能发现企业的主要营销问题； (5)掌握搜集相关资料的方法； (6)掌握解决问题的方法与程序； (7)掌握专业论文选题原则； (8)掌握专业论文提纲的写作； (9)掌握专业论文初稿、改稿、定稿的技巧； (10)掌握论文答辩的程序与技巧	计算机应用基础 计算机应用基础实验 顶岗实习

4.2.4　机电产品的售后服务与技术支持

1. 工作职责与技能

1) 工作职责

(1)在主管的直接领导下，开展服务工作。

(2)对客户使用产品过程中遇到的问题给予指导和技术支持。

(3)掌握和了解公司产品的各项技术指标，最大限度地满足客户需要。

(4)服务客户时，接听电话要及时，解释问题要耐心、细致、态度和蔼；做好技术咨询记录，记录要全面、详细。

(5)客户反馈(产品)问题时，要及时处理；必要时请相关部门协同处理。

(6)能够掌握公司产品的相关知识并能进行相关培训。

(7)提供正确使用和维护产品的方法及技术参数。

(8)客户有其他要求时，请示、安排相关人员进行处理并确保客户满意。

(9)定期向客户追踪"回访售后服务"的质量。

(10)协助部门主管定期反馈产品质量信息。

(11)协助质量事故的调查和处理。

(12)负责由公司投放仪器的售后维护情况的管理,如有异常须立即上报。

(13)在技术服务过程中,负责对客户对产品质量所提出的问题的确认和处理工作。

(14)负责产品上机调试,提供售后服务,认真填写出差的记录表。

(15)完成售后主管交办的其他工作。

2)任职要求

(1)工作技能。熟练掌握公司产品知识;对产品使用问题具有独立解决问题的能力;有较强的分析能力和沟通能力;能够掌握本公司产品的相关知识;能够正确使用和维护常见的产品检测设备。

(2)工作态度。熟悉本岗位工作流程,服从公司工作安排,听从调遣;服务客户时,接听电话要及时,解释问题要耐心、细致,态度和蔼;有接受继续教育的能力,有团队协作精神。

2. 售前工程师

(1)售前工程师在不同公司可能属于不同部门。有的公司把售前工程师放在销售部门,以便他们可以和销售员离得更近,更多了解客户尤其是更多了解销售的想法。有的公司把他们放在技术支持部门,因为他们毕竟做的是工程师的工作。

(2)属于什么部门并不重要,售前工程师的责任是大同小异的,他们的职责就是帮助销售人员充分了解客户在技术方面的需求,协助销售人员提出客户需求的解决方案,在售前的交流谈判过程中,回答客户所提出的各种技术和与产品相关的问题。售前工程师是销售人员的技术支柱。

(3)售前工程师最重要的是要善于听,即听清、听准、听细客户所提出的所有技术问题,真正了解他们所要建立的系统中与本公司相关的内容。所有问题的回答,都要与销售人员的策略相一致。

(4)售前工程师还要善于提问。尽可能了解每一个与公司产品相关的技术细节;要善于演讲,把公司的技术与产品的特点让客户明了,要让客户知道产品和技术能够帮助他解决什么样的问题和难题,能给他带来什么样的利益,产品在技术上和竞争对手的产品有什么区别,产品和技术的特点在什么地方。在接触和谈判的不同阶段和对不同的客户人员,售前工程师要协助销售人员为客户提供合适的产品及技术资料。所谓合适,是对不同对象和在不同时间提供深度不同、侧重点不同的资料,而不是一见面就把广告页、技术白皮书、操作手册抛在客户的面前。

(5)从某种意义上说,售前工程师是以技术面目出现在客户面前的销售。要让客户相信自己,就必须懂得多些。

(6)在客户背后,售前工程师需要做大量的技术工作,为销售人员提供"炮弹"和"技术依靠",使销售人员即便在自己不在场的时候也能够非常自信。为客户做技术解决方案和做投标书是售前工程师的基本工作之一,这其中的一套格式和规程是售前工程师必须掌握的。

(7)售前工程师作为销售人员的技术帮手,必须和销售人员在策略上取得一致。在客户面前,销售和售前工程师必须是一个配合默契的整体,而不能各行其是。

(8)在客户面前,售前工程师的角色有时候比销售还重要,因为在高科技领域,任何一个客户都会十分关心技术,所以作为一个公司的"技术门面",售前工程师千万不能忽视了自己的角色。

3. 售后工程师

（1）客户是最欢迎售后工程师的，因为售后工程师必须给他们解决产品运行中的问题。与售前工程师不同，售后工程师必须非常深入地了解公司产品的技术细节，必须熟悉产品中可能存在的问题及其答案，必须明了客户在实用过程中可能遇到的问题并给客户提供解决方案。

（2）售后工作做得好坏，对公司是不是有回头客直至公司的声誉都至关重要。"客户满意度"是每一个公司在运行和发展过程中都特别注重的问题。虽然"客户满意"并非只是指售后服务，但是不可否认，售后服务是其主要内容。因此，售后工程师的素质和工作方法就显得非常重要。

（3）售后工程师比起售前工程师更辛苦的地方是：必须深入地紧跟着公司的产品的发展，哪怕是产品中一点小小的改动。对于计算机这种日新月异的技术领域来说，这种技术的跟踪是困难的但又是非做不可的。

（4）对待客户的态度有时候可能比解决问题本身更重要，售后工程师应该牢牢记住这一原则。当然这并不是说就不给客户解决问题，如果有了好的态度又给客户解决了问题，当然是最好的结果。但是有时候客户的问题可能解决起来非常困难，这时候就需要售后工程师有足够的耐心，也让客户有耐心。在这种情况下，售后工程师要向客户通报问题解决的进展情况而不是等问题最后解决了再通知客户，更不能对客户的询问表现出任何的不耐烦。

（5）售后工程师的现场服务是最好地展现公司的服务水平的机会，同样一件事，不同的工程师到现场可能会得到不同的结果，从而引起客户对公司的非常不同的评价。在客户眼里，售后工程师是专家，所以你做事情，解决问题就要有专家水平。

（6）做产品技术支持的工程师必须明白，客户中有许多高手，他们或许在公司产品上不如自己了解得清楚，但是对于他自己的系统他是专家。对于那些做软件产品的公司来说，工程师对自己的产品有时候未必比客户的工程师了解得更深入，这是因为客户的工程师有很多是在产品上做开发的。因此，售后工程师必须虚心地向客户学习，在解决问题的过程中得到客户工程师的协助，这样才能帮助客户解决问题。

（7）好的售后工程师不但善于给客户解决问题，而且懂得如何指导客户正确深入地使用公司的产品，在问题解决之后，确保类似的问题不会重复发生。

（8）聪明的售后工程师会把客户遇到的问题和答案记录下来，时间长了就成为手头的一份问题解答库或问题词典，从而省掉很多重复劳动。好的售后工程师还可以利于销售，因为他可以通过技术支持了解客户的想法，了解客户是否喜欢公司的产品，将来是否会继续订购，会不会转到对手一方等。这些信息对销售来说是非常重要的。

学习任务

步骤一　参观机电一体化产品企业

现场参观学校校外实习基地，了解机电技术应用专业岗位职责，熟悉企业文化，并做好详细记录。

步骤二　查阅相关资料

以小组(5~8人为宜)为单位，查阅相关资料或网络资源，学习以下相关知识，并进行案例收集。

(1)机电技术应用专业的岗位设置。

(2)机电技术应用专业岗位的工作职责、职业素养。

(3)结合所学专业撰写专业学习规划。

(4)机电技术专业的未来就业趋势和展望。

步骤三　观看《大国工匠》

小组间进行交流与学习，梳理知识内容，了解大国工匠人物事迹。

第一集　大勇不惧

(1)川藏铁路属于国家十三五规划的重点项目，铺设难度创造了新的世界之最。中铁二局二公司隧道爆破高级技师彭祥华从1994年7月参加工作以来，二十多年如一日坚守在工程建设一线，参加了横南铁路、朔黄铁路、菏日铁路、青藏铁路、川藏铁路(拉林段)等10余项国家重点工程建设。他多年战斗在祖国偏远地区，不怕艰辛，为祖国建设付出了青春与热血。

(2)徐立平：为铸"利剑"不畏险"雕刻"火药三十年。固体火箭发动机是发射载人飞船火箭的关键部件，被称为导弹的"心脏"。在上千道制造工序中，发动机药面整形是难度最大、也是最危险的工序之一，至今还只能依靠人工操作，稍有不慎就会引发爆炸。

(3)特高压是当今世界电压等级最高、容量最大、输送距离最远的输变电工程。特高压技术也是由我国自主研发的，其中一项重要技术就是带电检修。大国工匠王进，就是一位特高压线上的带电检修工。

第二集　大术无极

(1)坦克集群，在辽阔的大地上风驰电掣，一往无前，现在中国的坦克制造能力已经跻身世界第一方阵了。装甲是坦克的第一要件。中国兵器工业集团首席焊工卢仁峰的工作就是负责把坦克的各种装甲钢板连缀为一体。这个左手残疾，仅靠右手练就一身电焊绝活的焊接工人，其手工电弧焊单面焊双面成型技术堪称一绝。

(2)LNG船被称为"海上超级冷冻车"，要在零下163°的极低温环境下，漂洋过海，运送液化天然气。在世界民用造船领域，建造一艘LNG船的难度堪比建造一艘航母，目前只有美国等少数国家能建造LNG船。2005年，我国才有了第一批16个掌握这项焊接技术的工人，张冬伟就是其中之一。

(3)核电是一种清洁的新型能源，然而核电站里面的物质一旦发生泄漏后果不堪设想，但核电站内部连接核反应堆输送管道的焊接难度极大，只能采用手工焊接。未晓朋就是这样一位世界级的焊工，他所完成的核电站主管道焊接，将保障在40年的周期里，核电站反应堆主管道的安全。

第三集　大巧破难

(1)传统POEM手术容易损伤患者食管，周平红另辟蹊径，在病人的食道管壁的夹层中，建造一条隐形隧道，不仅减少了患者痛苦，也让中国的消化内镜微创切除技术领跑世界。

(2)木船是很多渔民赖以生存的工具。为了让乡亲们安全远航，排船师傅张兴华独创造船工艺，手工打制的渔船滴水不漏。

(3)FAST工程开启了人类探索宇宙新的可能，但施工难度超乎想象。起重工周永和经过反复思索，利用"墨子圆规"的古人思想和顺势而为的东方智慧，完美拼接四千多块面板，成就了能与星星对话的大型球面镜。

第四集　大艺法古

(1)"薄如蝉翼洁如雪"，这是宣纸工艺的至高境界。为了让极品宣纸再现于世，毛胜利依循古法，采用更为传统的擦焙方式，终再续传奇。

(2)孟剑锋依照古錾子上得到的启示路径，在厚度只有 0.6 mm 的银片上錾出细致的纺织纹理，以假乱真。

(3)王津参悟古法，谨遵先人教诲，终于让历史瑰宝双马驮钟扫尽尘封，再度惊艳于世。

第五集　大工传世

(1)地宫出土的古代织物，一触即碎，入水就溶，王亚蓉用绝学复织还原，让丝绸文化传承代代精神。

(2)汝瓷被视为中国瓷器烧制技艺巅峰，曾绝迹800年，朱文立使珍品瓷重现于世。

(3)李仁清利用拓印技术让历史经典变得灵动可亲。

第六集　大技贵精

(1)心细如发，探手轻柔，李峰高倍显微镜下手工精磨刀具，5 μm 的公差也要"执拗"返工。

(2)心有精诚，手有精艺，顾秋亮仅凭一双手捏捻搓摸，便可精准感知细如发丝的钢板厚度。

(3)蒙眼插线，穿插自如，李刚方寸之间也能插接百条线路，成就领跑世界的"中国制造"。

第七集　大道无疆

(1)裴永斌是哈尔滨电机厂车工，三十多年来主要加工水轮发电机的弹性油箱。他用手指触摸测量时就像可以透视一般，在挑战数控机床时，下刀依然完美精准。

(2)方文墨的工作是为歼15舰载机加工高精度零件。他自制改进工具数百件，加工精度逼近零公差。

(3)马荣是人民币人像雕刻的顶尖高手，在从传统雕刻工艺向现代数字化雕刻制版转变的过程中，她出色完成了雕刻制版任务，使刀成圣同样可换笔夺魁。

第八集　大任担当

(1)高凤林是航天科技集团一院焊工，国家特级技师。他心怀梦想，心平手稳，焊接飞天神箭。

(2)马宇是秦始皇帝陵博物院文物修复师，他能在毫厘之间，把握分寸，重现旷世兵马俑。

(3)中国高飞集团高级钣金工王伟，在肉眼难辨的误差里，手工打造精美弧线，托举中国大飞机翱翔蓝天。

第一集　大勇不惧　　第二集　大术无极　　第三集　大巧破难　　第四集　大艺法古

第五集　大工传世　　　第六集　大技贵精　　　第七集　大道无疆　　　第八集　大任担当

学习评价

序号	评价指标	评价内容	分值	学生自评	小组评分	教师评分	合计
1	职业素养	劳动纪律，职业道德	10				
2		积极参加任务活动，按时完成工作任务	10				
3		团队合作，交流沟通能力，能合理处理合作中的问题和冲突	10				
4		爱岗敬业，安全意识，责任意识	10				
5		能用专业的语言正确、流利地展示成果	10				
6	专业能力	了解机电技术应用专业的岗位设置	10				
7		熟悉机电技术应用专业岗位的工作职责、职业素养	15				
8		结合所学专业撰写专业学习规划	15				
9		对机电技术专业的未来就业趋势和展望	10				
10	创新能力	创新思维和行动	20				
总　分			120				

教师签名：　　　　　　　　　　　　　　　　学生签名：

问题记录和解决方法	记录任务实施中出现的问题和采取的解决方法

单元小结

一、机电技术应用专业的特点

机电技术应用专业是培养初中毕业生的3年制专业，掌握机电技术应用专业对应职业岗位必备的知识与技能，能从事自动化设备和自动生产线的安装、调试、运行、维护和营销等工作。

机电技术应用专业职业（岗位）面向主要包括：机电设备安装与调试、自动化生产线运行、机电产品维修、机电产品营销。

二、机电技术应用专业的主要职业面向

1. 机电设备安装与调试

在现代企业中，技术人员的重要性尤为突出，技术工人是体力劳动和脑力劳动两者相兼的技能型人才。在调试岗位中发现并解决设备、设施、控制、工艺等方面出现的问题，确保各处建筑物、机械结构、电气设备、管网在带负荷状态下能够正常运行。调试的过程是全面检验整个系统的工艺性能能否达到设计要求。调试岗位重要性、技术性强、难度高、知识面广等特点，以及新技术不断更新，要求调试人员不仅有超强技能，而且始终要有谦卑的学习态度，努力掌握新知识。

2. 机电产品维修

机电产品维修岗位负责所有机电设备的安全运行、保养运行、更换和安装工作。按维修单及时做好问题诊断与维修；按设备保养手册和设备说明书制订保养计划建议，完成预防性维护保养工作，降低产品报废，减少维修费用，降低停机工时。

3. 机电产品的销售

机电产品营销岗位是指从业者从事机电产品的产品销售与服务、市场开拓与管理、客户关系维护，以及信息加工与处理等方面工作的复合型岗位。工作环境可能处于机电商品卖场、产品的批发与零售店或代理处、企业的营销部门与分支机构、各类商场、客户办公室、顾客家庭等室内与室外各种营销场所。其岗位性质可以理解为工作在企业市场营销一线的推销员、业务员、促销员、客户服务员、市场调查员、营销信息搜集员、营销策划员、业务管理员、公共人员、产品经理、产品线经理、片区经理、公关部门经理等。

4. 机电产品的售后服务与技术支持

此岗位要求熟练掌握公司产品知识；对产品使用问题具有独立解决问题的能力；有较强的分析能力和沟通能力；能够掌握本公司产品的相关知识；能够正确使用和维护常见的产品检测设备。对客户使用产品过程中遇到的问题给予指导和技术支持。

服务客户时，接听电话要及时，解释问题要耐心、细致、态度和蔼；并做好技术咨询记录，记录要全面、详细。

单元检测

1. 机电技术应用专业具有什么样的专业特点？
2. 机电技术应用专业主要包括哪些专业化方向？
3. 机电技术应用专业的学生要掌握哪些行业通用能力和职业特定能力？
4. 机电技术应用专业的学生可以从事哪些工作岗位？
5. 从事机电设备安装与调试工作岗位需要掌握哪些专业能力，其工作职责是什么？
6. 从事机电产品维修工作岗位需要掌握哪些专业能力，其工作职责是什么？
7. 从事机电产品市场营销岗位需要掌握哪些专业能力，其工作职责是什么？
8. 从事机电产品的售后服务与技术支持工作岗位需要掌握哪些专业能力，其工作职责是什么？

参 考 文 献

[1] 赵再军. 机电一体化概论[M]. 杭州：浙江大学出版社，2019.

[2] 龚仲华，杨红霞. 机电一体化技术及应用[M]. 北京：化学工业出版社，2018.

[3] 王丰，等. 机电一体化系统[M]. 北京：清华大学出版社，2017.

[4] 邵泽强. 机电一体化概论[M]. 北京：机械工业出版社，2010.

[5] 赵再军. 机电一体化概论[M]. 杭州：浙江大学出版社，2004.

[6] 杨少光. 机电一体化设备的组装与调试[M]. 南宁：广西教育出版社，2012.

[7] 三浦宏文. 机电一体化实用手册[M]. 北京：科学出版社，2001.

[8] 梁景凯. 机电一体化技术与系统[M]. 北京：机械工业出版社，2013.

[9] 万遇良. 机电一体化技术概览[M]. 北京：北京工业大学出版社，1999.

[10] 余洵. 机电一体化概论[M]. 北京：高等教育出版社，2000.

[11] 严筱筠. 机电一体化导论[M]. 北京：职工教育出版社，1988.

[12] 陈恳，杨向东，刘莉，等. 机器人技术与应用[M]. 北京：清华大学出版社，2006.

[13] 邵泽强，滕士雷. 机电设备 PLC 控制技术[M]. 北京：机械工业出版社，2012.

[14] 丁加军，盛靖琪. 自动机与自动线[M]. 北京：机械工业出版社，2005.

[15] 徐夏民，邵泽强. 数控原理与数控系统[M]. 北京：北京理工大学出版社，2006.

[16] 胡海清. 气压与液压传动控制技术[M]. 第 4 版. 北京：北京理工大学出版，2014.